2　0　2　4　年　版

島下泰久
yasuhisa shimashita

間違いだらけのクルマ選び

草思社

はじめに

2023年の某時期某所にて行なわれた某電気自動車の試乗会では、標準装備の内装はすべてヴィーガンレザー、要するに人工皮革だと説明された。クオリティは高く、本革と変わらないとは言わないが、十分「コレでいいね」と思わせるものではあった。

そこで供されたランチは、肉に見えるものも実はすべてベジミートだった。牛肉かなと思ったものは、かまぼこのような歯応えで味も正直言って旨くはなく、食べるのをやめた。ベジミート……他にも色々な呼び方があるが、要するに植物性タンパク質を使った代替肉、すべてがこういうものではないということは知っているが、少なくともこの時には隣にあった、素直に野菜の美味しさを活かした茄子とトマトのサンドイッチの方がストレートに美味しく感じられたのだ。

続いて試乗に出ると、その電気自動車はまるで内燃エンジン車と見紛うばかりの走りを披露した。アクセル操作に対する反応が自然で、とても走らせやすい。しかも加速の際には、エンジン音とは違うがそれと似たような感じもする電子音が室内に鳴り響く。

最初は、ずっと馴染んできたクルマらしい走りに心地よいドライブを楽しんでいたが、そのうち少し頭痛がしてきた。レザーのようでありながら、どこか違った感触のステアリングやシートに触れながら、内燃エンジンのような反応と音のする、やっぱり微妙に異なる感触のパワートレインを唄わせてのドライブ。何だかどれも人工的に感じられてきて、目眩がしてきてしまったのだ。

内燃エンジン車の長い長い歴史に較べたら、今はまだ電動パワートレインは生まれたての赤ちゃんのようなものだ。まずは目に入ったものを親と信じて、その振る舞いを真似して育っていけばいい。まさに今はその段階だと言っていいだろう。内燃エンジン車のようなドライバビリティ、サウンド。これらが一番、社会に馴染むものなのは確かである。

しかし、いつまでもそれでいいわけはない。電動パワートレインの目指すべきドライバビリティ、目指すべき歓びは、内燃エンジンを模倣し続けることではないはず。試乗するクルマに電気自動車が増えてきて、思うのはそんなことである。

私はまったくもってヴィーガニズムを否定しているのではない。何かに寄せる、似せるのとは違う表現の方が心地良いと思うというだけだ。クルマも一緒である。例えば今から１００年後。50年後でもいい。内燃エンジンが当たり前の今の時代を生きていない、未来のクルマの開発者が目指すのが、50年前や１００年前の内燃エンジン車の走りであっていいとは誰も思わないだろう。

そうは思うのだが、ではそれは一体どんな走りか、どんなクルマかと聞かれると難しい。電気モーターの特性をストレートに活かすとなれば、初期の電気自動車のようにアクセルオンで瞬時に最大トルクが立ち上がり、仰《の》け反るように加速するものになるだろう。けれど、それでは誰からも受け入れられはしない。でも、あまりに人工的でも不満となれば、向かうべきは一体どんな方向なのか……。

ここのところ、実はずっとそんなモヤモヤした気持ちを抱えていて、色々な方々と都度そんな話をしてきた。そんな中、あれは富士スピードウェイで9月に開催されたＷＥＣ（世界耐久選手権）の時だったか、はたまた別のタイミングだったかは失念してしまったが、たまたまトヨタ自動車の佐藤恒治社長と雑談している時に、こう言われたのだ。

「結局は、人が気持ち良いと思えるところに落ち着くんじゃないかと思っているんですよ」

この瞬間、すーっとモヤが晴れるような気がした。言われてみれば当たり前の、実にシンプルな結論に回り回って戻ってきたわけだ。きっとトヨタは、そういう観点で科学的な研究を踏まえながら、電動パワートレインの、いや内燃エンジンも含めて、更には装備や素材の、自動運転の開発を、すでに進めているのだろう。答はおぼろげながらに、見えつつあるのだ、きっと。

更に言えば、人が気持ち良いというのは運転体験の話だけに留まるものではない。デザインや素材感もそうだし、生産現場にとっての気持ち良さも重要だ。マーケットにとって、地球環境にとって、多くのユーザーにとってと、他にも観点はいくらでもある。

けれど、それもいつかはあるべきところに落ち着く。そう考えることは、つまり人間を信じるということなのかもしれない。

それにしてもクルマとは、少しでも視点を変えれば、まったく違った語るべきことが浮かび上がってきて、本当に話が尽きないものだ。今回用意した3つの特集も、切り口はそれぞれまるで異なるものとなった。いつも通りのエッセイ、ベスト3、車種評も合わせて最後まで読み進めていただければ、きっとクルマの〝今〟が輪郭もくっきりと浮かび上がってくる。楽しんでいただければ嬉しく思う。

2023年11月

目次

2024年版
間違いだらけのクルマ選び

ラ

欧

本文デザイン　Malpu Design

PART 1

2024年版特集

▷第 1 特集
高級車はどこへ行く

▷第 2 特集
BEV時代のリアル

▷第 3 特集
元気になった三菱

＊各車のサイズ、エンジン性能、価格等を写真の下に表記した。
表記されているどの情報も、原則として2023年11月現在のものである。
価格は消費税込みの車両本体価格を1000円未満四捨五入で表記した。
◍【全長】×【全幅】×【全高】／【ホイールベース】／【車両重量】◍①【総排気量】，【エンジン形式，ヴァルブ形式】，【最高出力】／【回転数】，【最大トルク】／【回転数】，②…… ◍【トランスミッション形式】◍【駆動形式】◍【価格帯】
ハイブリッド車（HEV）、プラグインハイブリッド車（PHEV）、電気自動車（BEV）、燃料電池車（FCEV）などについては適宜、モーターの形式と出力、電池容量、水素タンク容量、航続距離などの情報も記した。

＊著者主宰のYouTubeチャンネル「Ride Now」と連動し、論評する車種の試乗動画を閲覧できるようにした。掲載のQRコードをスマートフォンなどでスキャンすると動画が見られる。

Ride Now https://www.youtube.com/c/RideNow

高級車はどこへ行く

どんどん多様化。みんな違ってみんな高級車？

イギリスのＳＵＶ専門ブランド、ランドローバーがロイヤルワラント、要するに王室のお墨付きとなっているのは、２０２２年に崩御された女王、エリザベス２世がプライベートで、同社の高級ＳＵＶであるレンジローバーを愛用していたのが由縁だ。女王自らステアリングを握る姿は生前、度々目撃されていた。

今やヨーロッパでは、ショーファーカー（運転手付き車）としてＳＵＶが使われることが珍しくない。アメリカも同様。そういう場面で登場するのは、キャデラック・エスカレードのようなフレーム付きの大型ＳＵＶである。室内が広く、仮に雪が降ろうと移動を妨げられない。更に、アメリカの舗装の悪い都市部でも安全に目的地にたどり着ける。まさにお誂《あつら》え向きというわけだ。

それが日本、中国などではＭＰＶ（マルチ・パーパス・ビークル）、いわゆるミニバンになる。日本ではミニバンではなくアルファードというジャンルと言うべきかもしれない。

もはや世界的に、「ショーファーカーは黒塗りのセダンでなければ」とはなっていないのである。白手袋の運転手がドアを開けてくれるクルマの後席で、ふんぞり返って新聞でも読みながらの移動なんて、今どきの若い経営者は興味が無い。

今どきのその手のクルマのユーザーは、もっとアクティブで活動の範囲が広く、それぞれに求める

第1特集

高級車はどこへ行く 目次

ものが違っている。ゆっくり移動する時もあれば、オンライン会議に出ることもあるだろう。音楽を聴きたい時も、身体を休めたい時もある。しかも週末には自分でステアリングを握ることだってという具合だ。セダンではなくＳＵＶ、あるいはミニバンに流れるのも必然と言える。ショーファーカーに限った話ではない。高級車という括りで思い浮かぶクルマは、もはやセダンではないことの方が多いだろう。やはりＭＰＶか、ＳＵＶか。あるいはモノによってはコンパクトカーだって視野に入ってくるかもしれない。

そもそも高級車という言葉自体、どうにもしっくり来なくなってきている。必ずしもモノとして高級なことではなく、それぞれのニーズをうまく汲んでくれることが求められているのが今の時代だ。変わりゆく高級の概念。それ故に今回は敢えてアイロニックに、高級車という古めかしい言葉を使ってみた次第だ。そんな市場の、そしてユーザーの変化に対応して、特に２０２３年は自動車メーカーから様々なかたちの高級車の提案があった。それぞれのクルマを通して、今のこの世界を垣間見てみることにしたい。

「乗られる方の価値観が変化してきているんです」

変わりゆく今どきのラグジュアリーカーのかたちを象徴する存在が２０２３年9月に登場した新しいセンチュリーだ。従来からのセダンも販売を継続しながら、こちらで新たなユーザーにアプローチする。

見た目からすれば、それこそロールス・ロイスがカリナンを出したようにＳＵＶを追加したのかという話になるが、トヨタはそれを否定する。流行りに乗ったわけではなく、ラグジュアリーカーの新しいカタチを追求して、ここに行き着いたというのだ。

「従来ならばセンチュリー（セダン）に乗ってくださっているような方が今はもっとアクティブです。室内の広さなど機能を重視して、アルファードを選ばれていたりします。ショーファーカーに乗られる方の価値観が変化してきているんです。そういう方に乗っていただきたいというのが開発の狙いです」

開発を率いたトヨタ自動車の田中義和チーフエンジニアはそう言う。かつてのオーナー像は、後席で新聞でも読みながらという感じだが、今の時代は経営者、グローバルリーダーなどと称される人たちも、もっと活動的。スポーツを嗜むなら車内で着替えられる余裕があれば嬉しいだろうし、休む時はゆっくり休みたい。そうなると古典的なセダンフォルムでは、やはり物足りないということになる。

「アルファードなどに乗りながら、公式の場ではセダンで行くという方も少なくありませんでした。ショーファーカーは見られ方も大事ですから、言ってみればファミリーカーと同じような佇まいは、どうなのかという声もありました」

広い空間と気品を両立させたデザイン

外観を見てみよう。余裕ある室内スペースを確保するためキャビンをスクエアな形状としながら、しっかりとしたボンネットによって格調を兼ね備える。

田中 義和氏
トヨタ自動車株式会社
MS製品企画　ZS　主査

1987年4月トヨタ自動車入社。ドライブトレーン技術部にてオートマチックトランスミッションのハード開発、制御開発を担当。2006年3月製品企画部門へ異動。2007年より開発責任者としてプリウスPHEVの製品企画を担当。2012年1月より燃料電池車（FCEV）開発責任者として製品企画業務を担当。2014年初代MIRAIチーフエンジニア、2020年2代目MIRAIチーフエンジニアを経て、2023年、開発責任者としてセンチュリー開発に従事。

ロングルーフのワゴン的フォルムではあるが、後席と荷室の間にはセダンのように隔壁が設けられて空間が完全に分けられている。ボディ剛性を確保し、静粛性を高めるのはもちろん、そもそも大事な人を荷物と同じ空間には乗せないためである。

「広いスペースを持ちながら、気品ある外観にすることは非常に意識しました。外観は、後席に乗られる方の価値観を示すわけですので」

セダンではボンネットフードとトランクの比率、ヘッドライトやリアドアウインドウの縦横比といった部分に伝統的に、黄金比と言われる１：１・６１８の比率が使われてきた。それが安定感、調和の美に繋がっていたが、あるいはこだわり続けると、新しい価値を打ち出しにくかったのかもしれない。

それ無しでセンチュリーに見せるのは簡単ではなかったはずだが、見ての通りその姿は威厳にあふれたものとなっている。ひとつのポイントがフロントから続くショルダーの水平面と、大面積のドア平面の押し出しだろう。この平面は角が几帳面とされているが、これは織機の杼《ひ》がモチーフ。ボンネットも前端を深く折り曲げるために敢えてスチール製にするなど、シンプルに見えて造形は相当凝っている。

センチュリーの外観と言えば、鏡面磨きのパネルの美しさも特徴だ。セダンでは職人が徹底的に水研しているのだが、このクルマでは仕上げ以外はロボットによって磨かれているという。

「職人の技をロボットに教え込んで作業をさせて、最後は職人が仕上げています。生産する田原工場が、センチュリーを手掛けるということで意気に感じて、新しい技術に積極的に取り組んでくれました」

静謐、快適な室内。もう少し現代的でも…

肝心の室内はどうか。最大75度まで大きく開くリアドア、掃き出しフロアにより容易に乗り込める後席はフルリクライニングが可能。振り返ると遮音機能付クリア合わせガラスで荷室と区切られている。サイドウインドウなどは調光ガラスが使われて、望めば即、外界と遮断できる。

この後席からの視界にドライバーの操作が入らないよう、操作系が下側に集められているのもセンチュリーの伝統だ。但し、運転席と助手席の間のタワーコンソールは、ちょっと唐突に思える。アナログ時計もいいが、今ならシート内蔵のセンサーを使った体組織計辺りあっても良さそうである。

ドライバーズカーとしても◎

一方、新しいセンチュリーはオーナーが自ら運転することも意識している。これこそ、まさに今どきの高級車のあり方の反映だ。

「リフレッシュのためだったり家族と出掛ける、あるいは純粋にクルマ好きという方など、自分でも運転される方は多くいらっしゃると思います。豊田会長の〝ショーファー8割、ドライバー2割〟という言葉はコンセプトを立てる時に大きかったですね」

車体の基本骨格には定評のＧＡ－Ｋプラットフォームが使われる。Ｖ型6気筒３・５Ｌエンジンと高出力電気モーターを組み合わせたＰＨＥＶの採用で、普段はほぼＢＥＶとして走行しながら、長距離行も余裕でこなせるようにした。

▶センチュリー

●5205mm×1990mm×1805mm/2950mm/2570kg●3456cc, V6DOHC, 262PS/6000rpm, 34.2kgm/4600rpm, フロントモーター:交流同期電動機, 134kW(182PS), 27.5kgm, リアモーター:交流同期電動機, 80kW(109PS), 17.2kgm, 電池容量:51Ah, EVモード航続距離:69km●CVT●4WD●2500万円

「リアコンフォートモード」は興味深い。後輪操舵機構のＤＲＳを活用して後席乗員にそれと気づかせない車線変更を可能とし、停車時の揺り戻しを抑えるブレーキ制御も行なう。一方、自らの運転で走りを楽しみたい時には、俊敏な走りを実現する。ＦＦベースのプラットフォームを嘆く声も聞くが、高いボディ剛性とリア高出力モーター、ＤＲＳの組み合わせが、それを意識させない走りを可能にすることはクラウンで経験済み。心配は無用だろう。

「後席背後のパーティションによる剛性アップが走りにも効いていて、乗り心地、静粛性に加えてドライバーズカーという価値を提供できるものに仕上がったと思います」

フルオーダー可能。世界中から注文殺到か

フルオーダーシステムにも触れないわけにはいかない。発表時に言われたのはカラー、素材、シートの設定だけでなく、スイングドアかスライドドアか、走り重視の仕立てかなど可能性は無限ということだ。

「正直、最初は念頭に無かったんです。セダンもやっていませんので。お客様の要望をうかがって作っていきますが、すべてが可能なわけではありません。時間もいただきますが、世界で1台のセンチュリーを作り上げられるプランを用意する予定です」

聞いたところ、何とカブリオレだって不可能じゃないという。思わず前のめりになってしまった。

この新しいセンチュリーは、実は初めてグローバルで販売される。想定するオーナー層の趣味、嗜好は国や地域を問わずそれほど変わりはないのが今の時代だけに、確かに可能性はあるのかもしれない。

おそらく多くの人がカスタマイズを行なうだろうが、一応吊るしの価格は２５００万円とされる。月販基準台数は月30台とのことだが、この内容を考えれば長い列が出来るのは必至だろう。

正直、このセンチュリーなら私も乗りたい。まあ、さすがに分不相応とは思いつつも初めてそんなことを思ってしまった。同じような思いでこのクルマに視線を送っている、実際にこのクルマがしっくり来る方はきっと多いに違いない。

ＬＭ……レクサス
遂に日本導入。アル／ヴェルとは一線画す内容

これもまた、進む高級車の多様化を示す例だと言っていいだろう。２０２０年に中国、アジア地域で発売され、大ヒットとなったレクサスＬＭが、フルモデルチェンジを機にグローバルモデルとなり、我らが日本でもいよいよ販売を始めたのだ。

先代はトヨタ・アルファード／ヴェルファイアをベースとしていたＬＭだが、新型は基本骨格となる部分こそ共通ながら、まったく別の仕立てとされている。５１２５㎜という全長のおかげで体躯は断然伸びやかだし、ボディサイドには全幅の余裕を活かした抑揚があり、単なる箱にはなっていないのだ。おそらく写真などではなく、見慣れた景色の中で実車に遭遇すると、サイズ感含め、全然違うぞとなるに違いない。

まず登場したＬＭ５００ｈはハイブリッドで、前輪を２・４Ｌターボエンジンと電気モーターで、後輪を電気モーターで駆動するＤＩＲＥＣＴ４を採用している。要するにＲＸ５００ｈと同じパワートレインである。室内のシートレイアウトは、このサイズにして贅沢なことに2列４人乗りとなる。とは言え、遅れて3列7人乗りも用意される予定だ。

まず試したのは、もちろん後席。特徴的なのは前後席の間に隔壁が設けられて、リアコンパートメントが独立していることである。

たった2席のシートは、大型のオットマンや深いリクライニング機構を備える。何でも５１２５㎜の全長は、このリクライニングに必要な寸法から決められたのだそうだ。更に、乗員の身体の部位ごとに温熱感を推定するエアコン、オットマンやアームレストにも備わるシートヒーターなどを一括制御する空調まで設定されている。飛行機のファーストクラスでもこうは行かないだろう。

その他にも前方には48インチ大型ディスプレイ、冷蔵庫などが備わり、オーディオやイルミネーションも充実しているが、デザインは視覚的なノイズを

できるだけ減らすことを念頭に置いたということで、とてもシンプルだ。ガラスルーフは左右独立しており、それを含むすべてのウインドウにサンシェードが備わる。何だかクルマの車内に居るような感じではないが、実際に狙ったのもそういう世界だそうだ。

その走りでまず唸らされたのは車内の静かさである。単に騒音などが入ってこないのではなく、静かすぎて却って落ち着かないということになっていないのが好ましい。入念なチューニングの賜物だろう。

乗り心地は割りとしっかりめで、且つしなやかという感じ。フワフワ落ち着かない感じではなく、長距離でも快適に過ごせそうな味付けだ。ドライブモードを「リアコンフォート」に切り替えると、サスペンションは後席の快適性優先のモードに切り替わるから、乗車時にはドライバーに切り替えを頼んでおくべきだろう。

前席との間の隔壁には開閉式の調光ガラスが埋め込まれており、これを開ければ前後席間での会話も可能。一方、閉じれば話し声などは一切聞こえなくなるから、重要な商談にも臨めるし、調光ガラスなので寛ぎたい時には視線を遮ることができるのだ。

続いてステアリングも握ってみると、走りは思いのほか軽快で、嬉しいサプライズとなった。剛性感高いボディは大きさをあまり感じさせず、アクセルレスポンスも小気味良い。これなら、たまには運転席に座るのもいいと思わせる。実際、ドライバーが意のままに操れるクルマじゃなければ、後席乗員に快適に感じてもらうことはできないわけで、ＬＭ５００ｈは想像以上にドライバーズカーなのである。

ＭＰＶというボディ形状にしても操って楽しい走りにしても、従来のラグジュアリーカーの常識とは異なる1台と言えるＬＭだが、それらはまさしく今、このカテゴリーのクルマに求められている要素であり、しかも後席乗員に極上の時間を提供するクルマとすることとも不可分となっている。実は単に立派に仕立てたアルファード／ヴェルファイアではないのだというところに、レクサスのプライドが透けて見えるのだ。

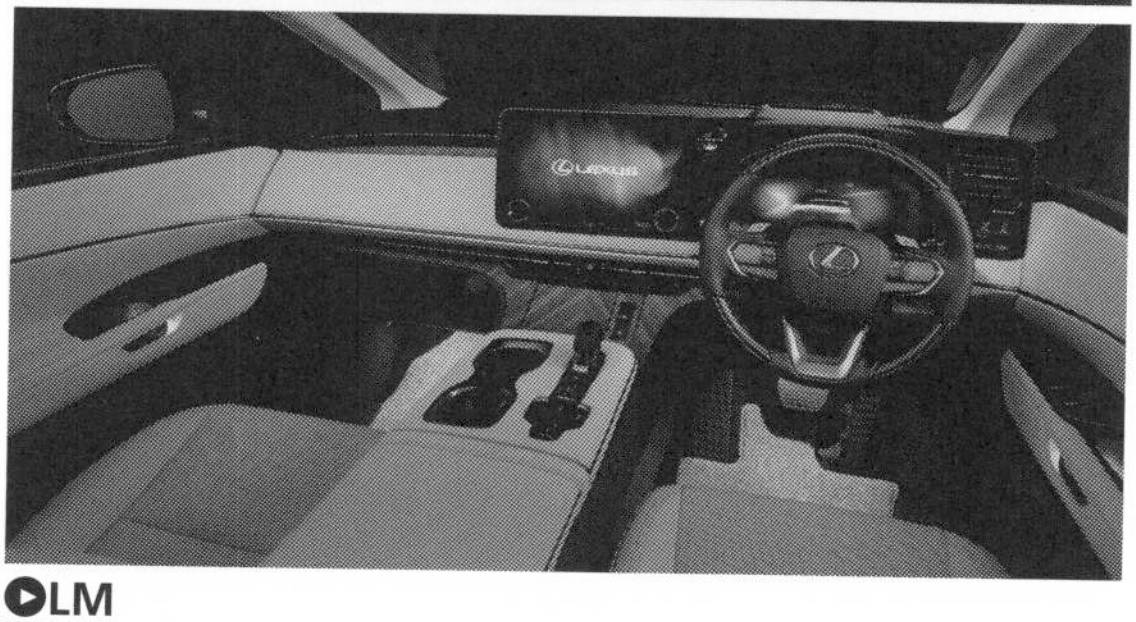

▶LM

●5125mm×1890mm×1955mm/3000mm/2460kg●2393cc, 直4DOHCターボ, 275PS/6000rpm, 46.9kgm/2000-3000rpm, フロントモーター:交流同期電動機, 64kW(87PS), 29.8kgm, リアモーター:交流同期電動機, 76kW(103PS), 17.2kgm●6AT●4WD●2000万円

ＬＦ－ＺＬコンセプト……レクサス

ＬＳの未来形？　ＢＥＶ時代のラグジュアリー

セダンのＬＳにクーペのＬＣ、ＳＵＶのＬＸに新登場のＭＰＶ、ＬＭと、レクサスは車名に〝Ｌ〟のつく4つのモデルの群でフラッグシップを形成しているという。多様化の時代には1台のクルマで、すべての人の期待に応えることは、もはやできないという現実がその背景にはある。

レクサスがジャパンモビリティショーに「未来のビジョンを示唆するＢＥＶフラッグシップコンセプトモデル」として出展したＬＦ－ＺＬを見ると、レクサスは将来、このカテゴリーは更に形態を変化させると見ているのかもしれない。約５３００㎜の全長に対して全高を約１７００㎜と高く取ったボディはいかにもスペース重視で、もちろんセダンではないが、ＳＵＶともまた違った雰囲気だ。

ヒンジ式のフロントドアに対して、リアはスライドドア。センターピラーが無く容易にアクセスできる室内は後席が明るい色調とされ、ショーファーカーだと主張している。実際、スペースの余裕は十分過ぎるほどで、ファーストクラスの感覚である。

技術的には「インタラクティヴ・リアリティ・イン・モーション」が目玉。走行中、気になったお店などを指差して「あれは何？」と聞くと、お店の情報などが出てきて、そのまま予約ができたりする。これは次世代車載ＯＳとして度々名があがる「Ａｒｅｎｅ ＯＳ」が可能にするものだという。

今ある〝Ｌ〟モデルのどれかを入れ替えるなら、やはりＬＳだろう。今、こうしたプレステージセダンの太い需要があるのは日本、韓国、中国くらい。ＬＳの将来が模索されていることは間違いない。

但し、個人的にはＬＳからＬＦ－ＺＬに乗り換えますかと言われたら、ちょっと若々しさが足りないなと思うかもしれない。空間を求めるならＬＭがあるのだし、同じく今回お披露目されたＬＦ－ＺＣの拡大版で、リアに乗降しやすいガルウイングドア付きなんて方が……というのは飛躍しすぎだろうか？

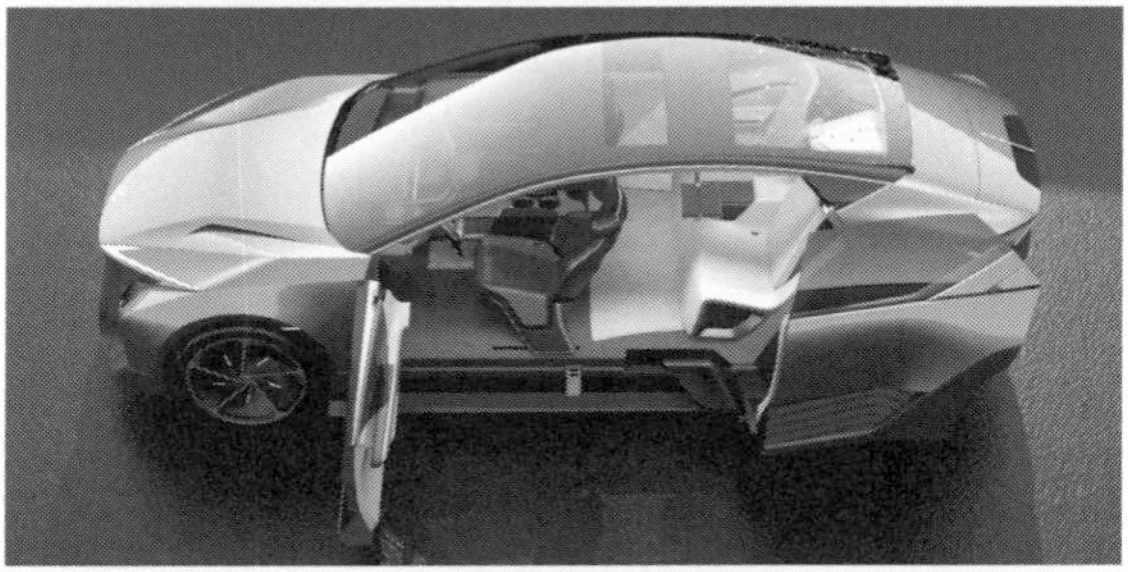

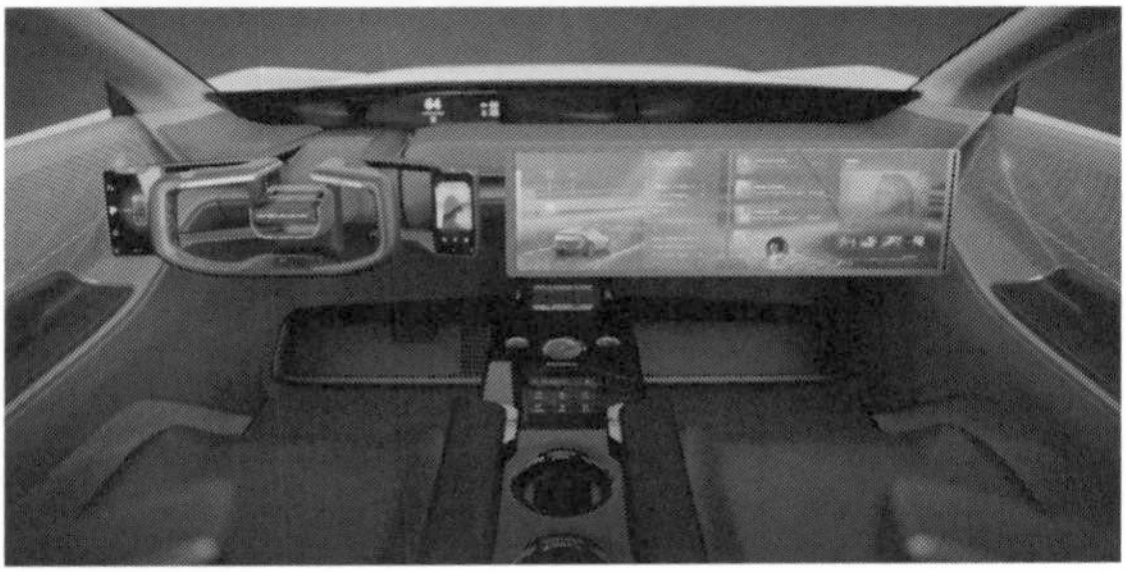

▶LF-ZL

●約5300mm×約2020mm×約1700mm/約3350mm/--kg●モーター:--, --kW, --kgm
※ショー展示車両の値

クラウン　トヨタ

「群」で展開する全4車種を一気に紹介

２０２２年７月にトヨタが開催した、通算16代目となる新型クラウンの発表会はインパクトがあった。完全に刷新されたクロスオーバーの発表だけでも話題性は十分以上だったのに、実際にはそこで全４車型での展開となることが明らかにされ、しかもモックアップだったとは言え、すべてのデザインが一気に公開されたからだ。

セルシオが発売されてトヨタの最上級車という肩書きを失った１９８９年くらいから、クラウンは迷いの時期に入っていた。一斉を風靡した４ドアハードトップのフォルム、全幅１８００㎜以下のサイズ、それでいてゴルフバッグ４セットが収まるラゲッジスペースといった金科玉条のように守り続けていたものが徐々に通用しなくなってきた。そしてセダンのファンは輸入車へ流れ、高級車を求める人はより広いスペース、強い押し出しを有するアルファード／ヴェルファイアに乗り換えていくという具合で、じりじりと販売を落としていたのである。

変革を迫られたクラウンは、まず初っ端にクロスオーバーという衝撃的なモデルを登場させ、更に全４車種のクラウン〝群〟で訴求するという方向に、考えを変えた。まさに、それは今どきの高級車のユーザー層の変化を体現したものと言える。本来ならクラウンに乗ってもらいたいユーザー層が求めるモノは人によって様々であり、４ドアハードトップ的なセダンだけですべて引き受けるのはもはや不可能。ひとりひとりの求めるものに応じたクラウンを提供していくという結論に至ったわけである。

その先陣を切って登場した**クラウン・クロスオーバー**は、リフトアップされて大径ホイールを履いた、従来のクラウンのイメージを鮮やかに覆す1台だ。実はセダンの車高を上げてクロスオーバー的に仕立てるというアイディア自体は、若手中心のデザイナー達の間で、すでに議論されていたという。落ち着いた車両挙動、乗り心地といったセダンの美点に、

▶クラウン・クロスオーバー

●4930mm×1840mm×1540mm/2850mm/1750〜1920kg●①2393cc，直4DOHCターボ，272PS/6000rpm，46.9kgm/2000-3000rpm，フロントモーター:交流同期電動機，61kW(82.9PS)，29.8kgm，リアモーター:交流同期電動機，59kW(80.2PS)，17.2kgm②2487cc，直4DOHC，186PS/6000rpm，22.5kgm/3600-5200rpm，フロントモーター:交流同期電動機，88kW(119.6PS)，20.6kgm，リアモーター:交流同期電動機，40kW(54.4PS)，12.3kgm●6AT/CVT●4WD●435万〜640万円

着座位置が高くて乗り降りしやすく、段差などで神経質にならず気楽に使えるＳＵＶのテイストをうまくミックスできれば、若いユーザーに十分アピールできると踏んでいたのだそうだ。

ハードウェアも従来の殻を破り、エンジン縦置きＦＲと決別してＧＡ－Ｋプラットフォームを採用する。パワートレインは今のところすべてＨＥＶもしくはＰＨＥＶでエンジンは横置き。前輪をエンジンと電気モーターで、新開発のマルチリンク式サスペンションを奢った後輪は電気モーターで駆動する。

前輪駆動を用意しないのは、今までずっと後輪駆動であり続けてきたクラウンだからこそだろう。この基本ハードウェアはスポーツ、エステートも概ね共通。但しセダンだけはＦＲレイアウトで登場した。

デビューして1年以上が過ぎたが、クロスオーバーは鮮度が未だ衰えない。ハンマーヘッドがモチーフという顔つきも、バイトーンにした時にコアを左右から外皮で挟み込んだように見せようという全体のフォルムも、従来のクラウンに無い大胆さである。

リアビューはクーペライクだが、ハッチバックではなく独立したトランクを持つ。後席の居住性、静粛性に留意した結果である。ちなみに海外仕様にはトランクスルー機能付きも設定されている。私などは、こちらならば欲しいくらいだ。

その後席を含めて室内空間は十分な余裕を感じさせる。装飾はシンプルだが、落ち着いて過ごすには華美じゃない方がいいでしょうと言われれば、確かにそうだなと思う。

走りっぷりには、かつてのクラウンには無かった軽快感がある。ヘンに俊敏に仕立てているのではなく、しっかり鍛え直したアスリートのような身のこなしの良さだ。特に前輪を直列4気筒2・4Ｌターボエンジンと1基の電気モーター、6速ＡＴという組み合わせで、そして後輪を高出力モーターで駆動するデュアルブーストハイブリッドを積むＲＳのフットワークは、ＦＦベースということを意識させないニュートラルなもの。後輪操舵の活用で敢えて後輪駆動っぽい動きにしているのは、これまでのユー

▶クラウン・スポーツ

●4720mm×1880mm×1565mm/2770mm/1810kg●2487cc, 直4DOHC, 186PS/6000rpm, 22.5kgm/3600-5200rpm, フロントモーター:交流同期電動機, 88kW(119.6PS), 20.6kgm, リアモーター:交流同期電動機, 40kW(54.4PS), 12.3kgm●CVT●4WD●590万円

ザーに納得してもらうためでもあるのだろう。
乗り心地も良い。とてもしなやかな乗り味は、クラウンの名に恥じないものである。いや、正直に言うともっと締めてもいいと思うほどなのだが、それもクラウンが、まったく別のクルマになってしまったわけではないと示す意味が込められていると考えれば、十分納得できるところだ。

本来、クラウンにとって居住性は非常に重要なポイントだったはずである。しかしながら駆動方式、サイズ、ラゲッジスペース容量といった部分にこだわり過ぎるあまり、ここ数世代のクラウンは肝心なことを忘れていたのかもしれない。優先順位をしっかり見定め、そして最新の技術を投入すれば、それでもクラウンらしい走りは実現できる。だからこそのＧＡ－Ｋプラットフォームの採用なのだろう。

そんな基本骨格を用いながら、デザインと走りを徹底追求して、更に若々しい存在感に仕立てたのが**クラウン・スポーツ**。ＳＵＶのクラウンだ。

その外観は、大きく張り出した力強いリアフェンダーと、そこに向かう美しいサイド面がハイライト。全長、ホイールベースはいずれも短縮され、全高も場所によっては立体駐車場にも入れられそうなくらい低い。体型からしてスポーティな印象である。

顔つきはよりシャープに。そしてリアには左右連結されたテールランプが使われているが、実は片側2灯のこれは、かつてのクラウン・アスリートがモチーフなのだという。若々しく、走りにこだわったイメージの継承である。

正直、なぜクラウンの名の下にＳＵＶが必要なのか最初は理解しづらい気もしたが、このアスリートのモチーフを見て納得とした。要するに、かつてならアスリートに乗っていたようなユーザーが今の時代に求めるのは、スポーティな走りのＳＵＶだと見据えたのだろう。

試乗出来たのはテストコースだけだが、こちらの走りは私の好みにぴったりだった。サスペンションはクロスオーバーよりも適度に締め上げられており、ホイールベースの短さもあって動きは軽快。思った

▶クラウン・セダン

●5030mm×1890mm×1475mm/3000mm/2000～2020kg●①2487cc, 直4DOHC, 185PS/6000rpm, 22.9kgm/4200-5000rpm, モーター:交流同期電動機, 132kW(180PS), 30.6kgm
②モーター:交流同期電動機, 134kW(182PS)/6940rpm, 30.6kgm/0-3267rpm, FCスタック:固体高分子型, 最高出力128kw(174PS), タンク:圧縮水素70L, 航続距離:約820km●CVT/固定ギア比●FR●730万～830万円

通りのライン取りで軽やかに走ることができる。

ＦＲから乗り換えても違和感が無いよう後輪操舵などの制御を駆使してうまく躾けられたクロスオーバーに対して、こちらは素性の良さを素直に活かした走りというところだろうか。乗り心地の評価は一般道で走らせてからとしたいが、もっと走らせたいと思わせる出来映えだったことは確かである。

まずはクロスオーバー、そしてＳＵＶと続いたが、脈々と継承されてきたセダンの系譜が切り捨てられることはなかった。形態としてのクラウンらしさという呪縛から解き放たれたことで生まれた、新たなかたちの**クラウン・セダン**が用意されたのだ。

外観は、５代目クラウン辺りから引き継がれてきた４ドアハードトップ由来のセダンから遂に訣別。縦スリットが入れられた大型の台形グリルが印象的なフロントはオーバーハングが短く、そこからリアまで水平基調が貫かれてフォーマルに見せている。しかしながらキャビン後半部分はクーペライクな処理とされ、リアフェンダーは力強く、決しておとなしい印象にはなっていない。

実はこのセダンだけは、エンジン縦置きのＦＲプラットフォームを用いる。そのプロポーションも、フォーマルに見せるキーなのは間違いないだろう。

もちろん、デザインだけが後輪駆動採用の理由ではない。実はセダンにはＦＣＥＶが用意されるのである。つまりベースはＭＩＲＡＩなのだが、大きく異なるのはホイールベースが３０００㎜まで伸ばされていること。全長は遂に５ｍ超えである。

ＭＩＲＡＩは使い勝手を考えて全長を抑えたが、後輪の前に高圧水素タンクを積むこともあり後席が狭くなってしまった。クラウン・セダンはその制限を取り払い、ゆったりとした後席スペースを確保。ショーファーニーズに応える。

狙いは、地方自治体の公用車としての導入を促すことだ。すでに福岡県などで実証実験が始まっているように、塵芥車や救急車といった車両、あるいは一般事業者の商用車での利用を念頭とする水素インフラの導入とあわせて、公用車もＦＣＥＶ化するこ

クラウン・エステート

4930mm×1880mm×1620mm/2850mm/--kg
※開発目標値。スペック詳細未公表

とで水素利用の拡大を図っていくというシナリオである。そのシンボルとしてはクラウンの名が相応しいし、それこそ高級車を贅沢だと目の敵にするような動きにも大義名分が立つはずだ。

ＦＣシステムはＭＩＲＡＩ譲りのもの。１回の充填で約８２０㎞の走行が可能である。販売の主力となるのはハイブリッドだろう。こちらは２・５Ｌエンジンに有段ギアを持つマルチステージハイブリッドシステムを組み合わせた、つまりはレクサスＬＳやＬＣのシステムの直列４気筒エンジン版である。

そして４番目のクラウンとして２０２３年度内に発売とアナウンスされているのが**クラウン・エステート**だ。かつてのエステートはいわゆるステーションワゴンだったが、新型はＳＵＶとなる。ホイールベースはクロスオーバーと同じ２８５０㎜。全高がある分、見た目の押し出しは強い。

沢山の人、荷物、あるいはペットを連れて出掛けたいという人が今求めているのは、確かにステーションワゴンではなく、こうしたＳＵＶに違いない。今回のクラウンはグローバル展開されると考えれば尚のことである。

先陣を切って登場したクロスオーバーを筆頭に、クラウンは大きく変わった。昨年版でも同じようなことを書いたが、成功体験ゆえになかなか脱却できなかった形態への拘泥を捨てて、挑戦し革新してきたクラウンの精神を、ユーザー層が多様化した今の時代に添うかたちで表現したのが新しいクラウン〝群〟なのだと言うべきだろう。

そんな風にまとめてはみたが、振り返るとそれこそ70～80年代のクラウンも多様なラインナップが揃っていた。多い時には４ドアセダン、２ドア、４ドアのハードトップ、ステーションワゴン、バンが用意されていたのだ。子供の頃、ランドゥトップ付きの２ドアハードトップに憧れていたのを覚えている。

時は高度経済成長下。「いつかはクラウン」と言われ、クラウンが憧れの対象だった頃の富裕層は、あるいは日本は、色々な意味で豊かだったのだなと、つい思いを馳せてしまうのである。

アルファード／ヴェルファイア……トヨタ

待望の新型車。走りの質向上には目を瞠る

　高級車と呼ばれるクルマを取り巻く景色を一変させた存在と言えば、トヨタ・アルファード／ヴェルファイアである。芸能人、経営者、政治家……と、かつてならば移動手段にセダンを、それこそクラウンを選んでいたような人たちが、こぞって選びはじめたのだ。国内だけの話ではない。中国をはじめとするアジア諸国で爆発的にヒット。個人的には、ロンドンの中心街で数台の黒塗りのアルファードに出くわした時の驚きは忘れ難い。

　そんなアルファード／ヴェルファイアが、いよいよフルモデルチェンジを受けた。全長４９９５㎜、全幅１８５０㎜というサイズは、日本での使い勝手を重視して多くの駐車場に対応するべく導かれたものだが、スタイリングは従来よりも乗用車的と言おうか、躍動的に見せようという意図をうかがわせる。大きなグリルとメッキで押し出すという高級表現からの緩やかな脱却とも言えるかもしれない。

　ＧＡ－Ｋプラットフォームを使い、ボディ剛性は先代比50％アップを実現した。興味深いのは乗り心地に効く部分には高減衰の、走りに効く部分には高剛性の2種類の構造用接着剤を併用していること。塗布総延長も50ｍと、先代の5倍に達するという。

　乗り心地、走りの上質感への配慮は徹底している。2列目シートの固定部にはゴム製ブッシュを挟み込み、シート自体も低反発フォーム採用で振動を3分の1に抑制したという。従来は、一番大事な2列目が実は一番、乗り心地の質が低かった。もう絶対にそうは言わせないという意気込みが伝わってくる。また、最上級のＥｘｅｃｔｉｖｅ Ｌｏｕｎｇｅには最新の3バルブ構造を採る周波数感応型ショックアブソーバーが採用された。

　実際、走りの質の向上ぶりは目を瞠るものがある。乗ったのはＥｘｅｃｔｉｖｅ Ｌｏｕｎｇｅ。もはや2列目でも床がブルブルしたり、前のシートが揺れていたりといったことは無く、乗り心地自体も今

まで以上にしなやか。これは大きな進化である。

前席は着座位置が25㎜後方に移動している。ステアリング角度も起こされ、ポジションは自然に。視界含めた運転感覚は少し乗用車的になった。

リアで寛いでいる時から想像していたが、乗り心地はフニャフニャと形容できる一歩手前くらいの柔らかさだ。しかしながら体幹を鍛えてあるので、ちゃんと真っ直ぐ走るし、クルマの動きも読みやすい。ハイブリッドならではのレスポンスの良さも、微妙な速度調整に貢献していて運転は良い意味でラクだ。

後席に乗せた大事な人のことを意識しながら、丁寧に走らせる。そんな楽しさに目覚めた気がする。イニシャルDのコップの水みたいな話か。こういうクルマだと、それこそ旧型のようにぶっ飛ばそうという気にならないなと、意外な発見があった。

ヴェルファイアの話もしておきたい。実は先代の失速で販売終了の話も出ていたが、それでも選んでくれる人のために、らしさを強調したクルマにと方針を転換。単なるデザイン違いではなく車体剛性を高め、アルファードには未設定の2・4Lターボエンジンを積むＺ　Ｐｒｅｍｉｅｒも用意する。

豪快な加速、引き締まったフットワークは、なるほどステアリングを握る歓びを高めている。これなら全店全車種取扱でも、敢えてヴェルファイアを残す意味アリだ。

このアルファード／ヴェルファイアが、世の高級車のあり方を一変させたことは間違いないが、それはトヨタだけの功績ではなく、ユーザーがこの世界を牽引し、ともに育ててきたと言うべきだろう。新型の配慮の行き届いた進化、そしてラインナップは、まさにその賜物と言っていい。

まずは上級モデルからの展開となったのは、部品供給問題などにより納車が追いつかないから。より買い求めやすいグレードの早期の設定を期待するのは難しそうだが、一方で今後のアルファード／ヴェルファイア、ＰＨＥＶが追加されることはすでに宣言されている。ともあれ、今後も多くの話題を提供してくれそうな1台であることは間違いない。

▶アルファード

●4995mm×1850mm×1935mm/3000mm/2060～2230kg●①2487cc, 直4DOHC, 190PS/6000rpm, 24.1kgm/4300-4500rpm, フロントモーター:交流同期電動機, 134kW(182PS), 27.5kgm(リアモーター:交流同期電動機, 40kW(54PS), 12.3kgm)②2493cc, 直4DOHC, 182PS/6000rpm, 24.0kgm/4100rpm●CVT●FF/4WD●540万～872万円

▶ヴェルファイア

●4995mm×1850mm×1945mm/3000mm/2180～2250kg●①2487cc, 直4DOHC, 190PS/6000rpm, 24.1kgm/4300-4500rpm, フロントモーター:交流同期電動機, 134kW(182PS), 27.5kgm(リアモーター:交流同期電動機, 40kW(54PS), 12.3kgm)②2393cc, 直4DOHCターボ, 279PS/6000rpm, 43.8kgm/1700-3600rpm●8AT/CVT●FF/4WD●655万～892万円

ＬＢＸ

最小のレクサス。気軽に使える「いい物」

レクサス

レクサスが新たに投入したＬＢＸのボディサイズは、全長４１９０㎜×全幅１８２５㎜×全高１５４５㎜。ＵＸよりもひと回り小さく、トヨタで言えばヤリスクロスが一番近い。

ラグジュアリーカー市場が高価格帯を中心に伸長する中で、なぜこのクルマが求められたのか当初はよく分からなかったのだが、目指したのは「本物を知る人が、素の自分に戻り気負いなく乗れるクルマ」と聞いて合点がいった。

例えば普段のビジネスはＬＳでこなしながら、休日にはもっと気軽に乗れるクルマが欲しいという人は少なくないだろう。けれど目の肥えた彼らは、単なるコンパクトカーでは満足しない。そんな人に、気負いなく使えながらも本物の手触りを持つヒエラルキーを超えた存在を提供しようというわけだ。例に出されたのは、某ハイブランドのスニーカー。クルマなら、ミニの存在感が近いところかもしれない。

実際、外観は小粒ながらも存在感が際立つ。タイヤは２２５／55Ｒ18サイズと外径はＵＸ用よりも大きく、車体の四隅で力強く踏ん張っている。強い目ヂカラとクロームのブレードが目をひくフロントマスク、ノーズを長く見せるべくピラーを手前に引き、キャビンを後方で絞り込んだフォルムなども相まって、なかなか凝縮感あるデザインとされているのだ。

実は大径タイヤ採用もあり、ヤリスクロスなども使うＧＡ－Ｂプラットフォームはフロントサスペンションを新設計するなど大改修。更に室内も着座位置が15㎜下げられ、それに合わせてステアリングやペダル類の角度が改められるなどしている。

直列３気筒１・５Ｌエンジンを使ったハイブリッドシステムも、やはり専用の仕立てだ。エンジンはバランサーシャフト内蔵とされ電気モーターは高出力化。電力の出し入れが速くレスポンスに優れるバイポーラ型ニッケル水素バッテリーを組み合わせる。

シャシーも、軽量高剛性なアルミ鍛造ナックル、

▶LBX

●4190mm×1825mm×1545mm/2580mm/1310〜1390kg●1490cc, 直3DOHC, 91PS/5500rpm, 12.2kgm/3800-4800rpm, フロントモーター:交流同期電動機, 69kW(94PS), 18.9kgm(リアモーター:交流同期電動機, 5kW(6PS), 5.3kgm)●CVT●FF/4WD●460万〜576万円

入力分離型アッパーサポート、摺動部《しゅうどうぶ》の摩擦を低減した新構造ダンパーなどを採用する。狙いは言うまでもなく操縦性、快適性の向上だ。

eラッチの採用によりドアの開閉所作はスムーズ。ドア開口部は全周にゴムモールを這わせてあり、開閉時のバスッと重厚な手応えでも、単なるコンパクトカーではないぞと訴えかけてくる。

電気モーターの鋭いピックアップの恩恵で、発進加速は軽快。しかもエンジンはなかなか始動せず、滑らかに速度を伸ばしていく。エンジンがかかっても段付き感などはなく、3気筒特有の振動が抑えられた心地良い吹け上がりを見せる。電気の力を、上質感と走りの良さにうまく活かしている。

フットワークも小気味良さが光る。前輪の状態がありありと伝わってくるステアリングを切り込むとノーズが軽々とイン側を向き、ライントレース性も上々。普段の街中でもワインディングロードのような場面でも楽しませてくれそうだ。

もう一点、興味をひくのがグレード展開である。レクサス定番の「Version L」や「F SPORT」などに代わって、ブラック基調で本革とウルトラスウェードを組み合わせた内装に、刺繍による遊び心を加えた「Cool」や、同じくセミアニリン本革で上質に仕立てた「Relax」等々のテーマに沿ったトリムが用意される。

更にシート表皮、シートベルト、ステッチ、配色、トリムの追加などにより約33万通りのコーディネートができる「Bespoke Build」も用意する。上級モデルでも展開していないフルオーダーシステムを、このサイズから始めようというわけだ。

LBXの車名は「Lexus Breakthrough X（cross）-over」を略したものだという。きっとBXもCXもDXも考えたけれどイマイチ…ということで行き着いたのだろうが、案外コレ、しっくり来ている気がする。プレミアムコンパクトカーという言葉は以前からあるが、LBXはプレミアムカーの多様化という時代性も味方に、それをうまくカタチにしてみせたようである。

トヨタ勢以外の高級車新潮流

高級車はMPVやSUVへ？ 中国車にも注目

高級車について記そうとしたら、結果的にここまですべてトヨタ車とレクサス車になってしまった。多様化する高級車へのニーズに対応したきめ細かな商品を揃えているのがトヨタ／レクサスだけだったというか、もはやこのセグメントのクルマ、他の日本メーカーはほとんど用意が無いのが現状なのだ。

とは言え、どの社もそれで良いと考えているわけでは必ずしも無さそうということで、他メーカーの動きについても考察してみたい。また、海外メーカーはどう考えているのかについても見てみよう。

間に合えばこの特集で紹介したかったのがホンダ・アコードだ。２０２４年春の再導入はすでに発表済みである。詳細は１９１ページに記している通りで、現状では50代以上、60代中心のホンダファンが多数を占めるユーザー層を、もう少し若返らせたいと考えているそうだが、さてどうなるか。

そして驚いたことにオデッセイも復活することとなった。マイナーチェンジ版は何と中国生産車が輸入されての販売となる。

いずれも絶対的な数が出るクルマではないかもしれないが、これらのユーザーはホンダがとりわけ大事にしなければならない人たちであることは言うまでもないだろう。とりあえず、ホンダもそれを完全に忘れてしまったのではなかったわけだ。

とは言え、そうした大切なユーザーに届けるためのクルマがアコードはタイから、オデッセイは上海からと、海外生産ばかりだということは考えさせられる。今や生産クオリティ云々という話は無用だが、日本メーカーのクルマに乗るんだから日本で作ってほしいよなという思いは、多くの人が抱いているのではないだろうか。

こちらも間に合わなかったのがマツダＣＸ－80。

生産終了のＣＸ－８に代わる３列シートＳＵＶである。ＣＸ－60の仕上がりに賛否が分かれたことも影響しているのだろうか。年内販売予定が延期になった。きっと、しっかり方向性を見定めて、熟成されたクルマとして登場することだろう。

将来に向けた戦略としてプレミアム化、上級化を掲げるマツダにとって、ＣＸ－80はきわめて重要な存在である。マツダの〝らしさ〟が発揮されれば、今ある高級車の常識とは違ったクルマが生まれるかもしれない。ＣＸ－60の内外装の仕立てからは、そんな予感もするので、私は大いに期待している。

気づけばフーガもシーマもすでに無い日産。エルグランドのフルモデルチェンジに期待したいと思っていたら、ジャパンモビリティショーでコンセプトカー、ハイパーツアラーがお披露目された。

派手な装飾に目が行くが、透けて見えるフォルムはまさしくエルグランドを彷彿とさせるものであり、これは日産としても何らかのメッセージを込めているはずだ。いや、そう信じたい。

実は以前、内田誠社長とお話をさせていただいた際に、エルグランドの話題になった。ちょうどオデッセイの生産終了がアナウンスされた頃で、ライバルがアルファード／ヴェルファイアだけとなるなら、オルタネートな唯一の選択肢としてチャンスがあるのではと勝手なことを申し上げたのだが、それに対する返答は案外、前向きのものだった。

それこそ中国はじめアジアでのインフィニティ事業などを考えても、ミニバンあるいはＭＰＶの投入は大いにアリのはず。日本の高級ミニバンブームを開拓した存在の奮起に、期待したくなってしまった。

話が出たついでに中国市場との関係についても記しておこう。人口規模が桁違いということもあるが、彼の地の高級車はとても多様だ。まさにＬＭ、アルファードのようなＭＰＶは凄まじい人気だし、センチュリーも引き合いがあるという。実際、いわゆるプレミアムＳＵＶの類も飛ぶように売れている。

上海モーターショーについての報道などで目にされた方も多いだろう。ここに来て急速に力をつけて

ホンダが近々、日本に導入予定の新型アコード（左）とマイナーチェンジ版オデッセイ（右）。アコードはタイ製を、オデッセイは中国製を輸入して販売する。アコードは全長約5mの堂々たるセダンとなる。

日産が2023年のジャパンモビリティショーで発表したコンセプトカー、ハイパーツアラー。広大な室内空間を持つ4座のプレミアムEVミニバン。前後ドアが観音開きのスライドドアで、ピラーレス。完全自動運転機能を搭載、走行中も4席対面での着座が可能、と想定されている。日本らしいデザインモチーフを随所に用い、前後席の間、中央部に鉄瓶とおぼしき物が配置されている。

いる、あるいは販売を伸ばしているのが地場の新興プレミアムブランドである。

ＺＥＥＫＲ（ジーカー）、ＮＩＯ（ニオ）、Ｌｙｎｋ＆Ｃｏ（リンクアンドコー）といったブランドが送り出すのはいずれもＢＥＶで、形態としてもカテゴリーの常識に囚われないものばかり。宇宙船のようなフォルム、キラキラと煌くＬＥＤ、ガルウイングのドアに全面スクリーンのコクピット…。彼の地の若き富裕層、企業家、リーダーたちに響くのは、こういうクルマなのだ。

一番の衝撃を受けたのはＨｉＰｈｉ Ｘ。まさしくＳＦ映画にでも出てきそうな外観のクルマが静かに近づいてきたと思ったら目の前で停止。すると車高がスッと下がり、リアのガルウイングドアが開いて、後席の乗員が頭を屈めない無理のない姿勢でスクっと降り立ったのだ。正直、しばらく呆然としてしまった。出来るものなら自分で東京で乗りたいとすら思ったが、つまりこれは中国だけの独自の世界ではなく、世界に通用する高級車のあり方かもしれないということ。これを無視していてはいけない。

一方、輸入車と言えばのドイツを見ると、また違った傾向が見える。彼の地では、セダンの地位が決して下がってはいないのだ。

これも２３６ページ以降で詳解しているが、２０２３年にはメルセデス・ベンツがＥクラス、ＢＭＷが５シリーズというセダンのビッグネームを刷新した。ＳＵＶやＭＰＶなど様々なバリエーションを有する両ブランドだが、いずれのトップも言うのだ。セダンこそがブランドの基軸なのだと。その揺るぎない言葉の重みもまた、突き刺さるものがあった。

結局のところ単に装備が豪華だとかそういうことではなく、形態は何であれ、広く世界を見て、一方でユーザーとしっかり対話する姿勢と他に左右されない揺るぎない信念の交わるところにこそ、これからの高級車というのはあるのかもしれない。

さて、日本の高級車の未来はどうなるか。世界としっかり対峙して、対話して、他には決して真似できない〝高級〟を誇らしく打ち出してほしいものだ。

中国·高合汽車のラグジュアリーBEV、Hiphi X。全長5.2m。観音開きのヒンジドアで、後席はガルウィング式に天井も開く。ライトにプロジェクター機能がついていて、夜間はセンサーが得た情報をもとに路面に記号などを投影、ドライバーへの注意喚起を行う。欧州販売価格は109000ユーロ（約1750万円）から。

2023年、ほぼ同時にフルモデルチェンジしたメルセデスベンツEクラス（左）と、BMW5シリーズ（右）。EクラスにはPHEVのモデルが、5シリーズにはBEVのモデルがあるが、いずれもセダンの形式は崩していない。

ユーザー無視のＢＥＶ関連報道にはウンザリだ!

　ディーゼルゲートが起こり、テスラが躍進し、地球温暖化対策がこれまで以上に声高に叫ばれるようになってという様々な条件が重なって、ＢＥＶシフトなる言葉が突如としてクルマを取り巻く話題の中心となった。内燃エンジンからＢＥＶへの転換こそが、それに対する唯一の回答だと言わんばかりに、世界の自動車メーカーはいつまでにＢＥＶ比率を何割にする、あるいはＢＥＶ専業になる、世界のどこに何ＧＷｈ分のバッテリー工場を建設する……というアピール合戦を繰り広げている。目指すはCO_2排出量削減、カーボンニュートラルの実現であることはもちろんだが、急激にドライブがかかったのは、政治的な背景もあれば経済的な理由もある。しかしともあれ、世界の自動車産業はその急流の中に飲み込まれた。

　そうした中で日本メーカーは、世界の潮流とは一線を引いていたと言っていいだろう。多くのメーカーが、すでにハイブリッドを筆頭とした技術によってCO_2排出量の低減を進めていたこともあり、急激なＢＥＶ〝だけ〟へのシフトには賛同せず、使用環境や地域の事情に合わせたカーボンニュートラル化を推進していたが、それが世界で遅れていると非難されることとなったのは、皆さんもご存知の通りである。

　こうした一連の報道からつくづく思うのは、一番肝心な存在であるユーザー、というか消費者のこ

第**2**特集

BEV時代のリアル 目次

とが一体どれだけ考えられているのだろうかということだ。どれだけの車種をＢＥＶにしようともちろん構わないのだが、購入して使うのは、あるいは購入しないのは私たちユーザーである。その声は、思いは、少々蔑《ないがし》ろにされ過ぎではないだろうか？

　しかも近頃になって、世界的なセールスの低下から、やれＢＥＶシフト失速だという論旨の記事が紙面に踊るようになってきた。何と無責任なと思うが、やはりここは状況を整理しておく必要がありそうだ。

　今、私たちにとってのＢＥＶを取り巻く状況はどんなものなのだろうか。ここでは、まさにＢＥＶ出遅れと叩かれてきたトヨタの中嶋裕樹副社長兼ＣＴＯ（チーフ・テクノロジー・オフィサー）にじっくり話を訊いたのを筆頭に、バッテリーや充電を取り巻く状況、注目のメーカーについて触れることで、私たちユーザーにとってのＢＥＶのリアルな現在地を明らかにしていく。果たしてＢＥＶシフトなるものは、私たちに何をもたらし、カーライフをどのように変えるのだろうか？

トヨタ副社長インタビュー

「今、ちょうどいいタイミングが来たと思っています」

ＢＥＶだけがカーボンニュートラル実現のための唯一の手段ではないと、マルチパスウェイ戦略を掲げるトヨタ。ハイブリッド、プラグインハイブリッド、燃料電池自動車、更には高効率な内燃エンジン車にｅ－フューエルなど、地域や使用環境などに応じた多様な選択肢を用意するべきだという主張は、地球上の隅から隅までクルマを販売し、モビリティを提供している会社としては、当然の主張である。

一方で、それはトヨタはＢＥＶに本腰を入れていない、世界の潮流に取り残されているという論調に繋がってもいる。経済紙などではハイブリッド車で築いたアドバンテージを守りたいから変革に後ろ向きだなどと未だに書かれている始末だ。

しかしながら、そういった声もそろそろ鳴りを潜めることになるのではないだろうか。ジャパンモビリティショーのレクサス・ブースに展示されたレクサスＬＦ－ＺＣは、トヨタ自動車内のＢＥＶ開発専任組織、ＢＥＶファクトリーが手掛けたモデルで、２０２６年の発売を目指している。ギガキャストで作られた車体に薄型リチウムイオンバッテリーを搭載し、更には電動化モジュールや空調なども小型化。Ｃｄ値０・20を下回る優れた空力性能も活用して、航続距離１０００kmを実現するという意欲作である。

トヨタのＢＥＶ戦略は今、どの地点に居るのか。そこで目指すものは何か。トヨタ自動車の副社長でありチーフ・テクノロジー・オフィサーの中嶋裕樹氏に直撃した。

「一般論から入ると、技術を進化させるという時に、トヨタ自動車みたいなフルラインナップでグローバル生産している会社って、物凄くやりづらいんですね。新たに工場を建てて、新たにすべての技術を入れ込むということができればいいですが、それをし

中嶋 裕樹氏
トヨタ自動車株式会社
取締役 執行役員 副社長

1987年4月トヨタ自動車入社。第2トヨタセンターZCチーフエンジニア（iQを担当）、製品企画本部付（新興国）チーフエンジニア（IMVを担当）などを経て、2020年1月執行役員。2020年1月Mid-size Vehicle Company President（現在に至る）。2021年2月CV Company President（現在に至る）。2023年4月執行役員・副社長。2023年4月Chief Technology Officer（現在に至る）。2023年6月取締役・執行役員・副社長（現在に至る）。

てしまうと今、量産しているクルマの『この古いラインはどうする？』となる。ですので、これまでは大きな変化を与えた後には、それをモディファイしながら商品の魅力を上げていく、カイゼンという文化がありますので、それでやってきています。

ただ、それにも当然限界があります。今回一番それを感じたのが、ＢＥＶでカッコいい意匠を作るということ。ただ単純にこれです。トヨタが遅れてるというのは、全然僕らは否定もしません。ですが正直な言い方をすると、今、ちょうどいいタイミングが来たと思っています」

遅れているのは否定しないとしながら、ちょうどいいタイミングと言う。矛盾しているようだが、トヨタとしてはこの〝遅れている〟ことすらポジティヴな要素に転化しようとしている。更に言えば〝遅れている〟間に、しっかりと準備を整えてきた。

「結局、実需がどこにあるかしか見ていないものですから。実需が無いのに投資をかけてしまうと、えらいことになってしまいますよね。それから我々は電池を自分たちでも開発してますから、この先まだ進化することを知っている。なのに今一気に投資しちゃうと、それは将来、無駄になる可能性が大きいんです」

２０２３年にトヨタは「テクニカル・ワークショップ」を開催し、次世代バッテリー技術を一挙に明らかにした。レクサスＬＦ－ＺＣに積まれるのは次世代電池パフォーマンス版と呼ばれるもので、形状は通常の角型ながらエネルギー密度を高め、コストダウンと充電速度アップを実現する。更にリン酸鉄リチウムを採用し、バイポーラ構造を採る次世代電池の普及版、ハイニッケル正極とバイポーラ構造を組み合わせた次世代電池ハイパフォーマンス版に至るロードマップを公表。更に、その先の全固体電池も量産への課題を克服し、２０２７～２０２８年の実用化にチャレンジすると宣言した。

欲しいのはEV？　カッコいいクルマ？

「そうしているうちに思っていた以上に一気に、各社がＢＥＶを出してきたわけですが、ここで言いたいのは『皆さんは本当にＢＥＶが欲しいんでしょうか？』ということです。僕らは、まずカッコいいクルマが良くて、ＢＥＶの走行体験も好きなので、それならＢＥＶのカッコいいクルマが欲しい。けれど一方で、そのカッコいいクルマで、ツインターボエンジンのクルマも選べる。そんな風にしたい。それが究極の目標。そのために今回のＢＥＶで何をやったかと言えば、ダウンサイジングでした。すべての部品についてです。特に電池は薄く」

出力密度の向上によるバッテリーの薄型化が見えてくると、それをフロア下に敷き詰めるＢＥＶの低全高化が可能になる。しかし実はそうなると、サスペンションタワーの取り付け点、エアコンの上に付くカウルパネルなど、ＢＥＶに直接関係の無いコンポーネンツがボトルネックになってきたという。

「今回、新しいＢＥＶをゼロから作り直すぞ、そのために専任組織も作るぞというのは、まさにそこまで刷新していくぞというメッセージなんです。〝小は大を兼ねる〟って我々は言っていて、ダウンサイ

ジャパンモビリティーショーで発表されたコンセプトカー、LF-ZC（上）。全長4750mmに対し、全高は1390mmと、低い車高を実現。同車に使われる「次世代電池パフォーマンス版（角形）」と、ギガキャストによる車体のリアモジュールも展示された（下）。

ジングを突き詰めていく。トヨタグループ含めて、一回しがらみを捨ててくださいっていうね」

〝トヨタは遅れている〟論は「ラッキー」

「これからBEVの時代なのにトヨタは遅れているという危機感が全社に広がっていたわけです。これはヤバいと。サプライヤーさんも同じで『トヨタ、大丈夫なんですか？』みたいなことを訊かれました。そうしたことから、色々なしがらみがあるけれど、これはやらなきゃっていう風になったわけです。ラッキーなことにね」

当然、それまでも技術の仕込みは進んでいたが、今回は社長交代など大きな動きもあり、会社として新たな方針を示す必要にも迫られた。言ってみればそれを好機に、その動きを会社全体としての大きなゴールとして据えたわけである。

BEV化に留まらないクルマ大進化が来る

言い方を変えれば社内外の危機感をうまく利用して、これまでの延長線上では実現できなかったクルマ作り改革を一気に推し進めようというのが、その意図だと見て良さそうだ。ＢＥＶの一層の開発というだけには留まらず、前述のようなコンポーネンツの刷新もあれば、ギガキャストの導入のような車体構造そのものの革命的な変化もある。

それは当然、生産改革にも繋がる。何しろ今、トヨタが打ち出しているのは〝工程２分の１〟だ。それはカーボンニュートラルにも、社会の求める新しいモビリティの迅速な導入にも、生産や物流の能力確保にも、すべてに凄まじいほどのドライブをかけるに違いない。

「ジャパンモビリティショーに出させていただいたＢＥＶのスポーツカーや商用車も、基本となる技術はまったく一緒です。これがメッセージ。薄いバッテリーができれば、全部実現できると言いたかったんです。それがまず１つ目。そしてこの先は、まだ全部はお話しできませんが、将来ＢＥＶがカッコ良くなったと言っていただけるようになったとしましょう。そうしたら必ず言われますよ。『じゃあエンジン載せたクルマはカッコ悪くていいのか』って。それは、やっぱりありえないですよね」

実は以前、ギガキャストの設備を見学している時に中嶋副社長がボソッと「でも、やっぱりＦＲも要るでしょ？　それをどうするかということなんですよ」と話していて、その言葉がずっと気になっていた。トヨタはＢＥＶだけを作っていこうなどとはまったく考えていない。この先も内燃エンジンを載せたクルマが、ＰＨＥＶやＨＥＶであれ沢山生み出されていくはずだ。中嶋副社長の視線の先には、これら〝も〟、どうカッコ良くしていくか、がある。

「私、ＰＨＥＶこそがプラクティカルなＢＥＶだと、実は初っ端に言ってるんですよ。これが一番やりたかったことで、ＢＥＶの開発はつまりダウンサイズなんですよ。結果、ＬＦ－ＺＣそのままのデザインでエンジン載りますかって訊かれたら〝イエス〟と答えられます。開発はこれからですけど、こうすれば出来るという絵はもうある。別にＢＥＶを作るのが目標ではなく、ＢＥＶでもＰＨＥＶでもカッコいいクルマが作りたかったわけですから、本当のマルチパスウェイが実現できるんです」

BEVでは意外にもボディがキモに

エンジンの言わば非効率な部分を電気モーターで助けるのがハイブリッドである。そのエンジンが無くなった時には、一体何がカギとなるのだろうか。

「高速での走りを良くするには、空力をやるしかない。高速走行なんて、もう空力ですよ。じゃあ低速はというと空力は関係なくなり今度は重量。軽量化をしっかりやらなければいけません。意外にもBEVってボディ屋さんが命なんですよ」

内燃エンジン車の大きな違いは、エンジンが振動すること。それに対応する車体が必要になる。BEVはそれを飛び越すことができるが、PHEVやHEVならば、また同じ課題にぶち当たる。

「そのハードルを乗り越えなければいけないという課題は当然ありますが、あのデザインに収まるエンジンは作れます。作ってみせます。何がお客さんにベストなのかと考えたら、せっかく僕ら、BEVシフトをこのカタチで実現できたんだから、この世界とエンジンの世界をもっと近寄せたいわけです」

BEVの開発においては、様々なしがらみに囚われることなく、目指す〝カッコいい〟に近づくことができた。その次の段階は、パワートレインが何であれ「カッコいい!」「乗りたい」と思ってもらえるクルマ作りである。

「本当にそれだけです。技術者は、昔は無茶なデザインが出てきたら、作れない理由を言っていたわけです。でも今は、それを何とか作ろうぜっていう雰囲気がある。これが『もっといいクルマ作り』を14年間、トヨタがやってきたことの、多分めちゃくちゃデカい功績だと思います。そして、BEVであれ何であれ『もっといい』は『もっとカッコいい』だし、『もっと乗り味がいい』だし『もっと素性のいい』だと思うんで、そういうクルマを作ろうという意識が、DNAの中にやっと出来始めたのかなって思っているんです。ですから今回、電動化の話ということでしたけれども、電動化の前に何があるのかということが伝われば、私としては嬉しいですね」

満を持してのBEV展開。理由は電池にあった

ＢＥＶの普及、そして転換に立ちはだかるメーカーにとってだけでなくユーザーにとっても大きなハードルが航続距離、そして充電という要素だ。言い換えればバッテリー、そしてインフラの話である。

目下、世界中の自動車メーカーがバッテリー工場の建設に血眼になっている。バッテリーが無ければＢＥＶは作れない。将来、ラインナップの大きな割合、あるいは全数をＢＥＶにするなら当然、それだけの数を確保しなければならないわけで、自動車メーカーやバッテリーメーカーがすでに表明済みのものを合算すれば、その生産量は現状の何倍にもなる。

そんなに作って大丈夫なのか？　と思うが、やはりと言おうか大丈夫とは言い切れない。まず単純に、実際にそれを作れるか、売れるかが問題だ。

リチウムイオンバッテリーには主力である三元系と呼ばれるものの場合、ニッケル、コバルト、マンガンといった希少金属の確保が必須になるが、そもそも今の何倍もの量を皆が確保できるのかは疑問だし、資源の不足は価格高騰に繋がる。今でもＢＥＶは十分に高いのにだ。

しかも、そもそもＢＥＶに対する実需はそれだけの規模に至っていない。ここに来てＢＥＶ販売の減速、投資の取りやめといったニュースが相次いで入って来ている通りである。

投資に実需が伴っていないというのは、まさにトヨタ中嶋副社長の話した通り。しかも、全固体電池のような新しい技術が出てくれば、また新たな投資が必要になる。まだ回収できてもいないのに。

“安いBEV”はもう実現している

注目度が高まっているのがリン酸鉄リチウムイオン（ＬＦＰ）バッテリーだ。三元系の希少金属の代わりに鉄を利用するため、性能は劣るが安価に製造

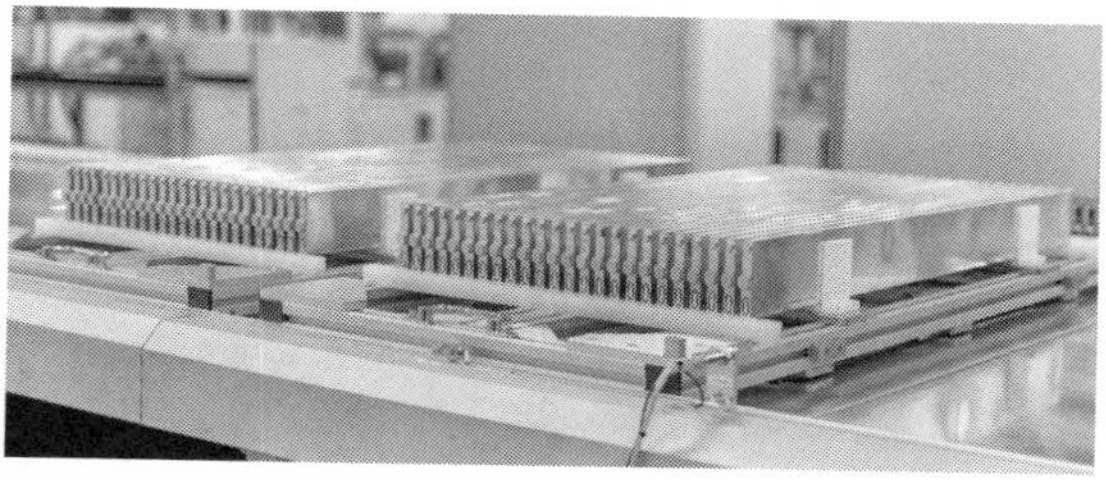

BYDがBEVに使用している「ブレードバッテリー」。長い板状のリン酸鉄リチウムイオンバッテリーを密集させて配置することで、実用上問題ない性能を廉価に実現する。

電池種類		形状	構造	正極	ラインオフ時期	EV距離 (CLTCモード、車両改善含む)	コスト (EV距離同等 時)
現行	bZ4X搭載電池	角形	モノポーラ	NCM系	2022年	615km	−
次世代電池	①パフォーマンス版	角形	モノポーラ	NCM系	2026年	200% bZ4X比	▲20% bZ4X比
	②普及版	新構造	バイポーラ	LFP系	2026-27年 実用化にチャレンジ	20% UP bZ4X比	▲40% bZ4X比
さらなる進化	③ハイパフォーマンス版	新構造	バイポーラ	Ni系	2027-28年 実用化にチャレンジ	10% UP 次世代電池 パフォーマンス版 比	▲10% 次世代電池 パフォーマンス版 比

トヨタが公表している、バッテリー開発計画をまとめた表。例えばLFP系の普及版なら、bZ4Xに比して航続距離2割増、コストは4割減という。

できるし、安全性も高く、充放電性能にも優れる。熱に強いので密集させて搭載すれば、容量もそこまで見劣りしないものを作ることが可能なのだ。

中国のＢＥＶメーカーＢＹＤのブレードバッテリーが、まさにコレ。テスラ・モデル3が積むのもこのＬＦＰリチウムイオンバッテリーである。トヨタの次世代バッテリー普及版は、これをバイポーラ構造とすることで、航続距離を現在使っているものより20%向上させ、コストは40%削減できるという。今後の主力はこちらに移ってくる可能性が高い。

軽自動車・商用車にはバッテリー交換式

しかし、それでも足りないかもしれない。そろそろ大容量バッテリー搭載こそが正義という考えは改められるべきだろう。バッテリー交換式の提案だ。

トヨタの中嶋副社長はこう言う。「例えば軽自動車のライフタイムを考えると、バッテリーってもつので、2・3台分をひとつのバッテリーで賄えるんです。走行距離は短いから半分でいいとなれば、4・6倍。つまり4・6分の1の値段になるわけです。発想を変えなければいけません」

バッテリー交換式のＢＥＶについてはトヨタも参画するＣＪＰＴ（コマーシャル・ジャパン・パートナーシップ・テクノロジーズ）とヤマト運輸の間で規格化、実用化に向けた検討が始まっている。商用車の場合は特に非稼働時間を減らすために交換式は有効であり、導入もここからとなるのだろう。

交換式バッテリーなら二次利用も容易だ。一般的にＢＥＶでの使用を終えた後でもバッテリー容量は70％近く残るとされる。クルマの場合は一気に高出力を出す場面があるため余裕が必要だが、定置式、あるいは緊急用としては、それでも十分な性能なのである。こうしたバッテリーのシェア、二次利用が一般的になるなら、ライフサイクルで見た排出量には新たな計算式が必要になってくるはずだ。

大本命・全固体電池も実用化が見えてきた

バッテリーのゲームチェンジャーと言われる全固体電池についてはどうか。すでにトヨタは２０２７～２０２８年の市販化を目指すと公言し、量産試作の段階に入っている。カギとなる固体電解質の材料技術について出光興産とタッグを組むことが２０２３年10月に明らかにされたばかりである。

日産、ホンダもやはり全固体電池を開発中だと明らかにしている。日産は２０２８年度までにこれを積むＢＥＶを市場へ投入、ホンダも２０２０年代後半に発売するという目標を掲げている。

トヨタのＢＥＶ用全固体電池は、レクサスＬＦ－ＺＣに使われている次世代電池パフォーマンス版と較べて、航続距離は更に20％伸び、10％から80％までの急速充電は10分以下が目指せるという。コストは当初は安くはないだろう。おそらく、最初はレクサスのＢＥＶスポーツカーなどに使われるはずだ。

一方、日産は将来的にはガソリンエンジン車のコストとほぼ同レベルにまで持っていけるとする。そうなれば普及には大いに弾みがつくだろう。

性能にもまだ伸びしろがあるようだ。トヨタは同時に航続距離50％向上の高性能版も研究開発中だといい、実現すれば航続距離１５００㎞が視野に入る。

ホンダとヤマト運輸が行う、交換式バッテリーを用いた軽EVによる集配業務実証実験で使用される「MEV-VANコンセプト」（左）。後席床下に交換式バッテリーが積まれている（右）。

2023年6月に公開されたトヨタの全固体電池のプロトタイプ（試作品）。「模型」や「モックアップ」ではなく「プロトタイプ」。トヨタは世界で最初に全固体電池を積むBEVを生産・販売する企業になると思われる。

そうなると商用車など様々な活用法が考えられる。

日本の電池技術で既存BEVは陳腐化か

日本はBEVに対して消極的、遅れていると散々言われている……というか他でもない日本国内の経済紙を中心に叩かれまくっているわけだが、実際にはしっかり実需を見て、技術の仕込みも行ない、満を持して展開が始まる。車両についてだけでなく、まさにバッテリーについても俯瞰で見た絵柄は、どうやらそういうもののように見える。

例えばトヨタの次世代バッテリー、更にその先の全固体電池が、言われている通りの性能で出るならば、既存のBEVでは性能的に太刀打ちできなくなるかもしれない。すでに多大な投資をしている多くの海外メーカーにとって、これは衝撃的だろう。

忘れてはいけない。三菱i-MiEVと日産リーフで世界に先駆けてBEVの扉を開いたのは日本の自動車産業である。先駆者ならではの苦悩、苦心を経て、いよいよ日本のBEV時代第二章の幕が上がる時が来たようだ。

急速充電はテスラ規格が当面の標準になりそう

充電こそが、ユーザーにとってＢＥＶを遠ざけてしまう一番の要因かもしれない。しかしながらインフラは確実に充実してきている。急速充電器の設置箇所は増えているし、一箇所に複数機の充電器を備えたところも増えている。また、ここに来て１５０kW対応の充電器も整備されてきているから、ＢＥＶ自体のバッテリー大容量化も相まって、ハードルはかつてないほどに下がっていると言っていい。

ディーラーへの充電器の設置も進められている。レクサスが始めたレクサス・エレクトリファイド・プログラムは、加えて商業施設などに１５０kWの急速充電器を設置し、アプリを通じた事前予約を可能にしている。「行ったら空いていなかった」が無くなれば、計画的に1日を過ごせるので有り難い。

充電を巡る直近の話題としては、北米でテスラのスーパーチャージャーに使われるテスラチャージングコネクターがＮＡＣＳ（ノースアメリカン・チャージングスタンダード）として、標準規格の筆頭に躍り出たことが挙げられる。多くの自動車メーカーがＮＡＣＳ対応を宣言。実はトヨタなど日本メーカーも、多くが対応を始めているところだ。

私は日本も、ＣＨＡｄｅＭＯからＮＡＣＳへ転換すべきだと思う。メリットは速度が速いこと、ケーブルが細くて取り回ししやすく、挿せば特別な操作無しに充電が始まることなど数多い。

更に、今や日本のメーカーも海外メーカーも、ＣＨＡｄｅＭＯ搭載車は日本向けのクルマだけ。これはコスト高の原因だし、海外メーカーにとっては非関税障壁とすら言える。彼らは日本仕様として少数派の右ハンドルで、更に少数派のＣＨＡｄｅＭＯ対応の車両をわざわざ仕立てている。しかも、その販売はとても投資に見合う状況ではない。このままで

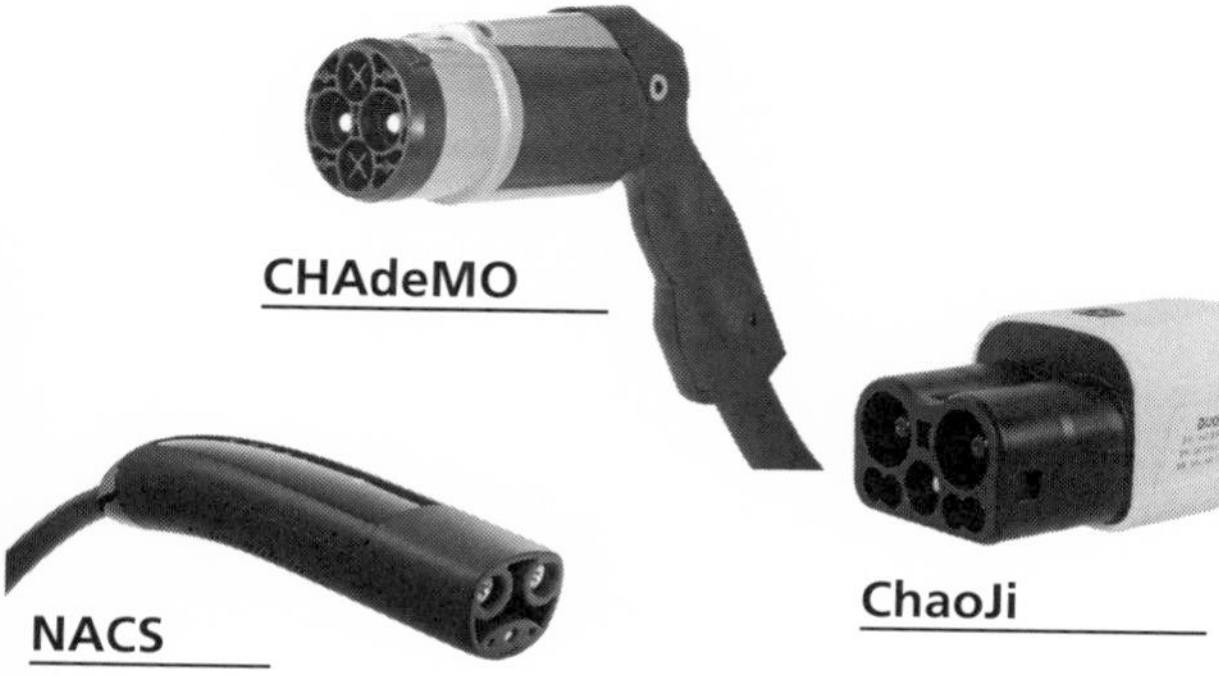

NACSのコネクターはCHAdeMOと比べてケーブルが細く形状もシンプルで、普通充電もこのコネクターで兼用可能などのメリットがある（CHAdeMOでは、普通充電にはコネクターも差し口も別に必要）。またCHAdeMO規格は、超高出力充電に対応するなどのため、今後は中国電力企業連合会と共同開発した規格であるChaoJi（CHAdeMO3.0）へ移行することになっている。しかし、これは従来のCHAdeMOとはコネクター形状がまったく異なる。ChaoJiは、現在は実証実験の段階。

は日本仕様は車種が絞られ、下手すれば撤退するメーカーすら出てくるのではと私は危惧している。

ここはひとつトヨタやホンダが今後、販売店に設置する急速充電器をＮＡＣＳ準拠にしてはどうだろうか。そうなれば世の中も追従するだろう。テスラの規格ということで抵抗があるかもしれないが、おそらく全固体電池も普及している10年後には、例えば10分の充電で１０００㎞走るようになっていて、充電のことなど大した問題ではなくなるだろう。但し、外部給電は課題となるが。

そんな風に行政やメーカーばかりを当てにしない新たなサービスも始まっている。パナソニックのeveriwa Charger Shareは、ＥＶ充電器を持つ個人や商業施設などがホストとして登録すると、ユーザーがアプリを介してそれを利用できるというもの。ルノーもフランスで同じようなアプリの展開を始めた。まさに民泊のような充電器シェア。ＡｉｒＢ＆Ｂが旅行を変えたように、こうした取り組みこそが世の中を動かすのかもしれない。

期待したいが、目を瞠るような提案はまだない

ソニー・ホンダモビリティ（以下、ＳＨＭ）は、「ＡＦＥＥＬＡ（アフィーラ）」のブランド名の下、２０２５年にはオリジナルBEVを発売する。そのプロトタイプは、見た目は宇宙船のイメージということできわめてシンプル。車体前部の〝メディアバー〟が特徴で、クルマの様々な情報、そして意思を外部に伝える。室内は、前方にパノラミックスクリーンが拡がり、オーディオもシート内蔵スピーカーの搭載など凝ったものになっているようである。

しかしながら正直、こうしたデザインやスペックにはさほどの目新しさは感じられない。セールスポイントは、実はソフトウェアである。

今後のクルマはソフトウェア・ディファインド・ヴィークル（以下、ＳＤＶ）、要するにソフトウェアによって新たな価値や機能が付加されるものになると言われる。ＡＦＥＥＬＡでは車載情報をソフトウェア開発者向けに可能な限りオープン化し、新しいアプリケーション開発を促すつもりのようだ。

しかしながら目下、ＳＤＶは多くの自動車メーカーが打ち出している。そこで絶対的な販売数では少数派となるＡＦＥＥＬＡが興味を惹きつけるのは簡単ではない。何しろ同じようにアプリを作っても、数が出ないのではビジネスにならないからである。

ＳＨＭの代表取締役社長兼ＣＯＯの川西泉氏は、そのために圧倒的なハードウェアを用意したと言う。ソフト開発のボトルネックになるのは大抵、コストやハードウェア性能。最初から高度なものを導入しておく必要があるということで、実際、ＡＦＥＥＬＡは実に45個のカメラ／センサーを搭載。それらをクアルコム社のSnapDragon Digital Chasisでドライブし、室内グラフィック表示にはUnreal Engineを用いる。

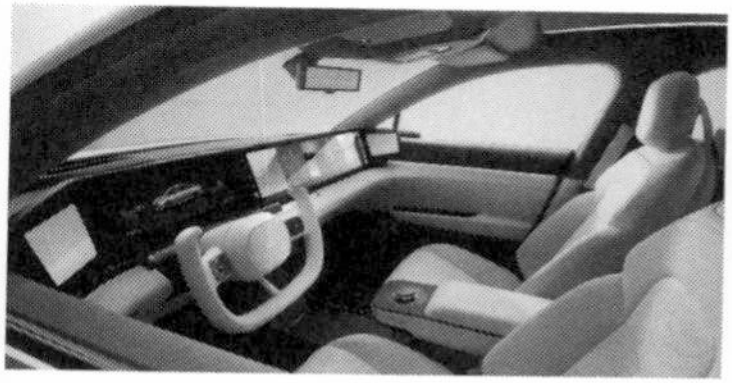

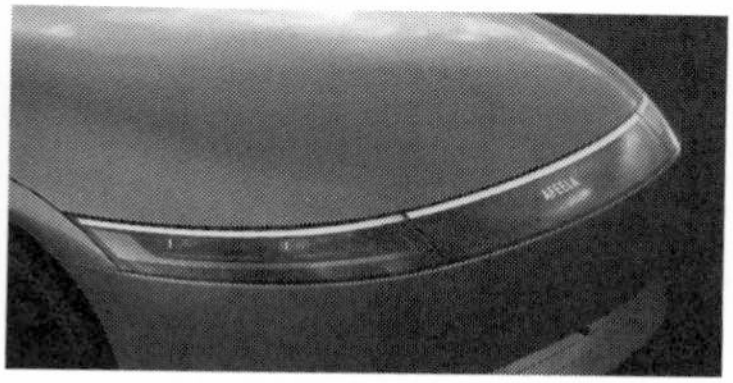

SHMが2023年1月 のCES（コンシューマーエレクトロニクスショー）で初公開し、10月 のジャパンモビリティーショーにも展示したAFEELAのプロトタイプ。車体前部の左右ライトに挟まれた細長い領域は画像を表示することが可能で、これを「メディアバー」と称している。ダッシュボードにも横長の大きなモニターがあり、「パノラミックスクリーン」と呼ばれる。

但し、現状ではその範囲はメディアバーやパノラミックスクリーンの表示、走行時のサウンドやナビ地図上の独自情報付加などに限られる。高性能を謳うならば、フロントウインドウ全体が巨大なヘッドアップディスプレイになっていて、現実の景色とＶＲを重ね合わせて映し出せたり、あるいは香りという要素だって使えたら愉しい。これはＢＭＷが２０２３年のＣＥＳで行なった提案だが、ハードウェアについて言うならばアウトプット性能も常識を飛び越えているべきではないだろうか？

そんなわけで正直、ＡＦＥＥＬＡには期待したいという思いと不安とが入り混じった心境で居る。しかも両社の関係、うまく行っていないという噂もチラホラと耳にするのだが、しかしそんなのは当たり前だろう。ソニーとホンダ。まるで文化の異なる企業同士が、すぐに打ち解け合えるわけがないし、そもそも仲良くするための協業じゃない。ガンガンやり合った結果、面白いクルマを出してくれればいい。アフィーラ、デビューまで気づけば2年である。

強敵？ ＢＹＤとヒョンデの上陸

中国製廉価ＢＥＶが市場席巻する可能性も

かつてヒュンダイと呼ばれた韓国のヒョンデが２０２２年に日本再上陸を果たした。しかしながら販売状況は、決して順調とは言い難い。

２０２３年1月〜10月までの乗用車の国内累計登録台数は３８５台。ゼロエミッション車限定ということでＢＥＶのＩＯＮＩＣ５とＦＣＥＶのネッソの２車種しかなく、オンライン販売が中心の戦略のわりには健闘していると言うべきかもしれないが、これでは長期的なビジネスとして成立しないだろう。

ブランド認知度は高くないにもかかわらず販売店をもたないから、目に触れる機会が少なく、また仮に興味をもっても実車を見ることすら難しいというのは、やはり厳しい。テスラだってそうじゃないかと言われるかもしれないが、イーロン・マスクＣＥＯの発言はそれだけで大きな宣伝だし、多くの熱狂的なファンが伝導師になっているという側面もあるだけに、直接比較するのは無理がある。

さすがに無店舗ということに関しては、多少の軌道変更が行なわれそうだ。すでに横浜には直営のカスタマーエクスペリエンスセンターが出来ているし、今後はショールームなども展開を考えているという。

思うに若者への認知拡大もいいが、もっとクルマ好き、自称目利きの人などにブランドの思いや技術を伝えていってはどうだろう。地味だが失われない信用に繋がるはずだ。新型ＢＥＶのコナも上陸して、これからのヒョンデである。もう撤退することはないと言っているのだし、市場でいいポジションを築いてほしいものだ。

そして中国からやってきたＢＹＤである。さすが輸入車ビジネスをよく知る東福寺厚樹社長が率いるだけに、ＢＹＤオートジャパンの立ち上がりは順調のようだ。２０２５年には国内１００店舗以上を展

ヒョンデ・IONIC5

BYD・ドルフィン

ヒョンデ・IONIC5は、全長約4.6mのスタイリッシュなSUVで、58kWhまたは72.6kWhのリチウムイオンバッテリーを搭載、航続距離は最大498~618km。価格は479万~599万円。BYD・ドルフィンは、全長約4.3mながらホイールベース2.7mで広い室内を確保するコンパクトカー。リン酸鉄リチウムイオンバッテリーを搭載。最廉価版は総電力量44.9kWh、航続距離400kmで、価格は363万円。

開すると掲げ、目下販売網を整備中。11月初旬の時点で開業準備室を含め49拠点がオープンしている。

それもあって、２０２３年1~10月の登録台数は１０７１台に達した。実際、都心部だと時々見掛けるようにもなってきている。仮に最後はオンラインで買うのだとしても、店やクルマを実際に見かけたことがあるというのは、とても重要なのだ。

現在のラインナップはミドルサイズＳＵＶのアット3と、コンパクトカーのドルフィンの2車種。特に３６３万円という、まさに日産サクラに少し足しただけの価格で、航続距離４００㎞を実現しているドルフィンの衝撃は大きい。案外、地方を中心に軽ＢＥＶの普及の前にＢＹＤに市場を席巻されてしまうという可能性、否定はできないだろう。

それだけじゃない。ＢＹＤは顧客のこだわりが強い日本市場でクルマもノウハウも磨いて、それをもってやはり日本車の牙城である東南アジアを取りにいくつもりである。思っている以上に強力なライバルの登場だということ、覚えておくべきだ。

私たちのクルマ選びがBEV時代の方向を決める

ここ数年、世界中でＢＥＶシフトが急速に進んでいて、日本だけが取り残されていると言われ続けてきたが、ここに来てようやく議論がニュートラルな方向に落ち着き始めてきたようだ。長期的に見れば、間違いなくＢＥＶの時代が来る。しかし、それは規制によって強制されるものではないし、ましてや自動車メーカーが決めることでもない。最終的に決めるのは私たちユーザーだ。

航続距離や充電に関しても同じように、ここに来てある程度の着地点が見えてきたように感じられる。無尽蔵にバッテリー搭載量を増やすことで航続距離を伸ばし続けられるわけではないと、誰もが理解するようになってきたのは間違いない。こちらも結局は、ユーザーにとって使い勝手とコストが良くバランスした地点が答となるに違いない。

「航続距離１０００㎞は行けますが、正直売れないと思っています。５００㎞のクルマの方が圧倒的に安いですから。でも私たちは『１０００㎞なんて意味ないですよ』って技術屋目線で答えてはいけないんです。１０００㎞のと５００㎞のを両方お見せして、初めて『５００㎞でいいか』ってなるんですよ」

これもトヨタの中嶋副社長の言葉である。技術的にはもちろん色々な可能性がある。けれども、最終的に決めるのはユーザーだという意識なのだ。

ユーザーの気持ち動かす魅力的なBEVを

そんな風にＢＥＶを巡る状況は、徐々にあるべき方向へと向かってきている印象を私は受けている。一方、それはそれとして未だにＢＥＶに食指が伸びないという声はよく聞く。

充電や使い勝手の話は今ももちろん大きい。内燃エンジン特有の音や振動が無いから。とりわけクル

マツダ・ICONIC SP

スバル・スポーツモビリティコンセプト

ジャパンモビリティーショーで発表されたスポーツモデルのEVコンセプトカー。マツダ・ICONIC SPは美しいデザインで注目を集めた。2ローター・ロータリーEVシステムを搭載するとされるが、ロータリーエンジンが発電専用か、直接駆動もするのかは不明。スバル・スポーツモビリティコンセプトは力強いデザインの2ドアクーペのBEV。現行ラインナップとは大きく違う外見となっている。4WDであること以外、詳細は不明。

マ好きにとっては、それもあるのかもしれない。

しかし何より大きいのは、ＢＥＶ化への流れが、技術の進化の必然的な方向だとは信じられないということではないか。つまりＢＥＶならではの価値、旨味、驚きといったポジティヴな部分を提示するよりも、内燃エンジン車のネガティブな部分を埋めることばかりが強調されているということ。「今使っているクルマと使い勝手は変わりませんよ」では、積極的に選ぶ理由にはならないだろう。

そんな見え方を打ち破ることができるのは、自動車メーカーを置いて他に無い。ＢＥＶだからこそ実現できるカッコ良さだったり、走りの醍醐味が突き刺さらない限り、ユーザーの気持ちは簡単には動かないのだ。その点でも中嶋副社長の話には大いに納得させられるところがあった。

実際に私自身、ＦＣＥＶの先代ＭＩＲＡＩを４年ほど愛用していたが、結果的に不満だったのは、まさにそこだったように思う。ＦＣＥＶであることが先にあって、カッコ良いとか愉しいとかという部分が二の次だったなと今振り返ると思うのだ。もちろん、それでも登場した意義は大きかったし、愛着も持っていたのだけれど。

そして今はレクサスＬＦ－ＺＣに惹かれている自分が居る。理屈抜きにまずカッコ良く、インテリアも未来的。１０００㎞を目指すという航続距離も、ギガキャストなどの先進技術がもたらす乗り味にもソソられる。要するに、これなら乗る意味があると感じたのだ。自分の生活環境ではＢＥＶは不便に違いないが、それでも欲しくなる。今あるクルマとうまく置き換えられればいいのではなく、不都合があっても尚乗りたいという気にさせる、という……。

思えば、かつてＦＣＥＶのＭＩＲＡＩを購入する際にはテスラ・モデルＳとどちらにするか悩んだものだった。当時のテスラは上陸したばかりで、スーパーチャージャーも都内に数基しかなく、未知のものだったがしかし興味をそそった。当時、右脳ではモデルＳを、左脳ではＭＩＲＡＩを推していて、結局は左脳に従った気がする。今度は右脳の言うことを聞いてみようかという気分である。

軽・コンパクト・商用は中国勢の猛攻が…

ＳＨＭのアフィーラも話は同じようなところに帰結する。厳しいことも書いたが、何しろソニーとホンダである。気にならないわけがない。それこそＷｉｎｄｏｗｓ全盛だったあの頃にＭａｃに手を出すのに近い感覚だろうか。これまた、ＢＥＶ云々の前にそのクルマ自体を欲しい、欲しくないで語れる事例である。ヒョンデについても、ＩＯＮＩＣ５にせよコナにせよ、やはり興味を抱いたクルマがたまたまＢＥＶだったという買われ方のクルマだろう。

一方、ＢＹＤは今のところは純粋な機能性、コストパフォーマンスが一番のセールスポイントと言える。ではミディアムサイズセダンのシールはどこにアピールするのかというのも気になるが、私としては本当の脅威はドルフィンより更にコンパクトなモデル、シーガルの日本上陸だと思う。本国で１６０万円ほどの価格ながら航続距離は中国のＣＬＴＣモードで３００㎞超。日本メーカーがこれと対峙し得

BYD･シーガル

スズキ･eエブリィコンセプト

BYD･シーガルは全長約3.8mのコンパクトカー。リン酸鉄リチウムイオンバッテリーを積み、航続距離は廉価版でも300km超。現地価格は日本円にして約160万円からと、驚異的に安い。スズキ･eエブリィコンセプトは、ジャパンモビリティーショーで展示されたもの。スズキとトヨタ、ダイハツの3社が共同開発したBEVの商用軽バンで、航続距離は200km。生産はダイハツが行い、3社が2023年度中に導入するとしている。このBEV商用軽バンは、中国勢との価格･性能面での熾烈な競争にさらされるのではないか。

るモデルを生み出すのは厳しいだろう。

家庭用としてもそうだが、商用車として上陸してきたら、ひとたまりもないのでは？　まさしくバッテリーのシェアみたいなことを早急に考える必要があるのは間違いないと焦る気持ちにさせるのだ。

BEV化はクルマを面白くする手段

話を戻そう。中嶋副社長へのインタビューで印象的だったのは、ＢＥＶは欲しいクルマを作るための手段だという話である。ＢＥＶシフトの風潮を逆手にとって、いいクルマづくりを加速させるわけだ。間違いなく、いいＢＥＶも生み出されるだろう。

確かにエンジン音はしないかもしれないが、そうやって愉しいクルマの未来に繋がるものが生まれる瞬間には、ドキドキしないだろうか？　今まで見たことのないようなクルマに出会える、知らなかった歓びに触れられるチャンス。おそらくは、百何十年前にガソリンエンジン車が生まれた時以来の、そんなシン・クルマを体験できる時代が、今だ。楽しんだ者が勝ち。私はそんな風に思うのである。

第3特集 元気になった三菱

"らしさ"漲る自信作が、次々登場してきた!

２０２３年の日本の自動車業界を振り返って、久しぶりに活気が甦《よみがえ》ってきたなと感じさせたのが三菱自動車である。実際のところ、それまでだってクルマは決して悪いものではなかった。先代アウトランダーＰＨＥＶのマイナーチェンジ後のモデルや、あるいはエクリプスクロスＰＨＥＶなどは、乗ると「いいね」と思わせるものではあったのだ。

しかし正直な気持ちとして、自分で乗る分にはいいけれど、誰かにそれを勧めるかと言われたら、何だかちょっと気乗りがしないような気分だったことは認めざるを得ない。自分としては食べたら美味しいと思っているけれど、もしかするとマニアック過ぎる気がするし、何より店主が自信がなさそうというか、店構えに覇気が感じられないレストランには、友人を連れては行きにくい。喩《たと》えるならば、そんな感じだろうか。

雰囲気が変わってきたのは、２０２１年の現行アウトランダーＰＨＥＶのデビュー辺りから。独創的でありつつも決して分かる人には分かるというものではなく、しっかりとポピュラリティに繋がる魅力が宿ったクルマの登場は、ブランドに前進する力をもたらしたように思う。

そして２０２３年春にはデリカミニがデビュー。こいつがスマッシュヒットとなった。夏には生産拠点であり、メインの市場でもあるタイにてピックアップトラック、トライトンの新型が登場した。

第3特集

元気になった三菱 目次

この新型トライトンは、久々に日本でも販売を予定している。いずれも、やはり三菱自動車の〝らしさ〟を自信をもって漲《みなぎ》らせている。そんなプロダクトだと言っていい。

単発で良いクルマが登場したというだけでなく、良い流れが出来始めた。先ほどの喩えで言うならば、誰もがちょっと覗いてみたい店になってきたというところである。

一方で、三菱自動車には依然として負のイメージも横たわっているのは事実である。これはあるいは乗り越えるべきものというよりは、ずっとついて回るものかもしれない。

また直近では、主戦場であるＡＳＥＡＮでの好調の一方で、大市場である中国からの撤退というニュースも飛び込んできた。まだまだ決して、追い風に乗ったなどと言える状況ではないのだろう。

この特集では、キーパーソンである長岡宏代表執行役副社長（開発・商品戦略・品質・デザイン担当）にお話をうかがい、最新モデルの試乗を行なうことで、そんな三菱自動車の現在地を確かめてみることにした。もちろん、それは未来を炙《あぶ》り出すことにも繋がると思う。

「三菱らしいクルマを作ることに集中しています」

今回、お話をうかがったのはジャパンモビリティショーの会場。目玉は次期型デリカを想起させるコンセプトカー、D：Xコンセプトだった。

「子どもの頃って例えば友達と近所の山や川に行くことだけでも冒険で、ワクワクしましたよね。でも大人になると、仕事や家庭などの要因でそういう心が萎《しぼ》んでいっちゃう。三菱自動車のクルマは、そういう人をもう一度冒険に誘いたい。しかもいざ行ったら家族と一緒に無事に帰ってこられるよという安心感。これを出していきたいと思ったんです」

堅牢で、頑丈で、安心感が高く走破性に優れるというのは、まさに三菱自動車のクルマらしさだ。他社から来られた長岡副社長は、その時に三菱自動車、どんな風に見えたのだろうか。

「この会社に来て最初に、実はランサー・エボリューションXを買ったんです。どうせなら三菱自動車のヘリテージといったものが感じられるクルマにしたいというのと、元々走りも好きなものですから。

乗って、これはスゴいぞと思いました。四輪駆動なのに思った通りに曲がるその感覚は、今までに味わったことがないものでした。砂利道や雪の中で乗ると、本当に無敵だなと感心させられました。

そしてテストコースで見たのは、普通は耐久試験だけを行なうようなラフロードで、操縦安定性も必ずチェックしていることでした。どんな路面でも、人が安心して意のままに操ることができるという部分をとても大事にしているなと思いましたね」

デリカは唯一無二だと思った

聞けば加藤隆雄代表執行役社長兼最高経営責任者と長岡副社長は、相当な頻度でテストコースを訪れ、ステアリングを握っているという。では現行の三菱自動車のクルマで、特に印象的だったのは何か。

長岡 宏氏
三菱自動車工業株式会社
代表執行役副社長
（開発・商品戦略・品質・デザイン担当）

1986年に日産自動車株式会社に入社。シャシー技術開発本部でプラットフォーム車体設計、シャシー設計を担当し、2018年に同社アライアンス グローバルVP 常務執行役員 カスタマーパフォーマンス&車両実験技術開発担当に。2019年に三菱自動車工業株式会社 執行役専務（開発担当）に就任、2020年に代表執行役Co-COO兼 開発担当、2021年に代表執行役副社長（ものづくり担当）、2023年に代表執行役副社長（開発·商品戦略·品質·デザイン担当）に就任。

「デリカですね。開発拠点のある岡崎や今年作った十勝アドベンチャートレイルなどのオフロードのコースを、ミニバンでありながら余裕でクリアしてしまう走りは唯一無二だなと思いました。そういうクルマを作り上げる能力は、とてつもなく高い」

面白いのは、三菱自動車の開発陣にとって、それは普通の仕事の仕方だということだ。特別なことをしている意識は無いのである。

アライアンス使い得意なことに集中

「一方で弱みは、限られた開発リソースしか持たないところだと考えています。以前は世界に向けてクルマを開発していましたが、おかげでラインナップをタイムリーにアップデートできず、結果として競争力を失い、価格訴求のビジネスになってしまったということがあったかと思います。

ですので経営の面では、我々の得意とする分野や収益分野への選択と集中を進めてきました。得意とする環境技術や四輪制御技術、オフロードの走破性など、三菱自動車らしいクルマをしっかり作っていくことに集中して取り組んでいます。それに対して、運転支援やコネクティッドなど遅れていた分野では、アライアンスの力を活用するというかたちです」

それがうまく結実したのがアウトランダーPHEVである。日産、ルノーとのアライアンスに加わった直後の開発では、その資産を活用することでリソースを三菱自動車の強みを伸ばす方向に集中させ、際立つ1台を作り上げたのだ。

不正を起こさない社内環境づくり

一方で三菱自動車に対しては、過去の不正などもあり良いイメージを抱いていない人も多いだろう。そうした部分に対して今の三菱自動車は、どのように対峙していこうとしているのか。

「過去に不正が重なって、お客様の信頼を裏切り続けたという歴史があるのは事実ですから、まずそういうことを二度と起こさない。それが基本中の基本です。『このぐらいでいいんじゃないか』となりそうな場面でも、それじゃダメだ、お客様のことを考えようということを徹底してやっていますし、やり続けるしかないと思っています。その上で、そうやって真摯に作っているからこそ『三菱自動車って変わってきたね』と思っていただけるようなクルマを出し続ける。お客様に期待していただいて、買っていただけたら二度と裏切らない。それを続けていくしかないと思っています」

負のイメージを一気に塗り替える飛び道具は無い。愚直に、徹底的にやっていくことに尽きる。では具体的に社内で今、実践されていることは何だろうか。

「ひとつには、車両を評価する人たちを重視して、その人たちがダメだったらダメと言える体制にしました。周囲が急かしたとしても、評価を行なう人間がまだだと言うならば、できるまでやる。そう言える人をそこに据えていますし、私もそこに入って、最後はジャッジしています」

手法を変えるのは決して簡単ではない。例えば、やらされているという意識のままでは、いくらプロセスが改められても良い仕事には繋がらない。意識改革は、どのように進められているのだろうか。

「コロナ禍で大勢で集まることができない事態が続いたので、3ヵ月に1回ほど私のメッセージを動画で配信したんです。決算などの結果に触れながら、会社は今こうなっている、こういうことが大事だからね、こういうことを一緒にやっていこう。その先にはこんな素晴らしい未来が待ってるはずだよ、と。正直、最初の頃は『外から来たヤツが何か言ってるぞ』という反応もありましたが、続けていくうちに『あいつの言っていること、確かにそうかもしれないな』と変わってきたように思います」

クルマが高く評価されると社内も変わった

きっと、それは言葉だけの効果ではないだろう。同時に経営戦略や商品そのものに変化が起き始めたことも大きかったに違いない。

「何か新しいことをやると、どうしても忙しくなるわけです。ですが、例えばアウトランダーＰＨＥＶが高く評価されたというニュースなどが伝わるとスイッチが切り替わる。先ほど、お客様に対しては、しっかりとした良いクルマを出すこと、それを続けることしかないと言いましたが、会社の中に向けてもそれは同じことだったんですね」

三菱自動車が活気を取り戻してきつつあるように見えるのは、デザインだ技術だという話ではなく、こうしたマインドの変化の方が大きいのかもしれない。さて、そんな三菱自動車をこの先、どんな存在意義を持ち、どんなユーザーとの繋がりを持ったブランドにしていこうと思い描いているのだろうか。

「環境意識が高く、冒険心をもったアクティブな方が選ぶクルマ。そんな存在ですね。アウトドアもそうですし、クルマでなければ味わえない場面というのがありますよね。そういう場には、やっぱり三菱自動車のクルマでしょうと言っていただけるようなクルマづくりを継続していきたいと思います。そして究極の思いとしては……走破性や耐久性を誇るブランドとして、北米にはジープが、ヨーロッパにはランドローバーがあります。いつかは我々も、アジアには三菱自動車があるじゃないかと言われるような存在になりたいですね」

トライトン

“らしさ”光る1台。走破性も乗り心地も期待大

三菱

三菱トライトンの名前が帰ってくる。先々代が日本でも少数ながら販売されたピックアップトラックが、２０２３年夏に行なわれたフルモデルチェンジを機に再上陸することとなったのである。

タイのレムチャバン工場で生産され、世界１００以上の国と地域に輸出されているトライトンは、三菱自動車にとって非常に重要な存在だ。とは言え、このタイミングで、なぜ日本では決してメジャーな存在ではないピックアップトラックを敢えて導入するのかと言えば、アウトドアレジャーを楽しむ層が増えて、こうしたクルマへのニーズが高まっているからだという。意外にも販売店からの要望、多いのだそうだ。実際、トヨタはハイラックスをラインナップしていて、安定した人気を獲得している。

もちろん絶対的な台数は多くはないだろうが、タフでオフロードに強い三菱自動車らしさを改めて強くアピールできることは確か。つまりブランド価値向上のための導入でもあるわけだ。

日本仕様は2列シートのダブルキャブとなる全長５・３ｍオーバーの大柄なボディは水平基調で全体に角張っていて、きっと多くの人がこれは三菱自動車らしいなと思うだろう。このサイズだけに荷室はハイラックスよりも全方位に大きい。

何とラダーフレームは新開発で、重量増を抑えながら曲げ剛性、ねじれ剛性を向上させているという。サスペンションはフロントがダブルウィッシュボーンで、リアはリーフリジッドだ。

エンジンは直列4気筒2・4Lディーゼルで、６速ＡＴ、そして三菱ファンにはお馴染みの響きとなるスーパーセレクト4ＷＤ－IIを組み合わせる。後輪駆動、フルタイム4ＷＤ、センターデフ直結の4ＷＤにローレンジまで設定できる、本格派のオフロード4ＷＤである。しかもＡＹＣ（アクティブヨーコントロール）付きで、つまり前後左右に自在に駆動力を配分してくれる。その上、走るシーンに合わ

▶トライトン

●5320mm×1865mm×1795mm/3130mm/--～--kg●①2442cc，直4DOHCディーゼルターボ，204PS/3500rpm，47.9kgm/1500-2750rpm②2442cc，直4DOHCディーゼルターボ，184PS/3500rpm，43.8kgm/2250-2500rpm③2442cc，直4DOHCディーゼルターボ，150PS/3500rpm, 33.7kgm/1500-3000rpm●6MT/6AT●FR/4WD●--万円
※サイズはタイ版のもの

せて選べる７つの走行モードも用意される。

このトライトン、導入に先駆けてオフロードコースで試乗することができた。ここでまず嬉しくなったのが２・４Ｌディーゼルエンジンの完成度の高さである。アイドリング付近の低回転域からスッと反応して、わずかなアクセル操作に対してもすぐにトルクが得られる。何しろここはオフロード。ガバっと力が出過ぎたりすると致命的な場面もあるから、これは嬉しい。

上質な乗り心地にも唸らされた。フレーム別体構造でありがちな微妙な揺れ感、細かな振動などがまったく気にならず、目線も常にフラット。まるでモノコックボディのＳＵＶに乗っているかのようだが、そのまま車体が横に30度近くも傾くようなキャンバー路面に突入しても、難無く走り抜けられる。

四輪が互い違いに伸び縮みするモーグル路面でも、余裕のサスペンションストロークのおかげでタイヤが路面を離さず、拍子抜けするくらいあっさり通過できた。しかも、一気に荷重がかかるような場面でもスッとしなやかに入力をいなしてくれて、決してガツンと突き上げてきたりしないのだ。

こうした走りを可能にしているのが、まずは高いボディ剛性。３枚リーフのリアサスペンションも、うち1枚をヘルパースプリングのように使うことで、高荷重の受け止めと接地の柔らかさを両立している。正直、この乗り味は想像以上と言っていい。

ピックアップトラックの乗り味と言えば、大体こんな感じ……という先入観は見事に裏切られた。これなら一般道の走りも期待して良さそうだ。

これを書いている時点では価格はまだ知らされていないが、当然ハイラックスにぶつけてくるだろう。頑張って４００万円を切ってきたら嬉しいが、昨今の為替の状況だと難しいだろうか。

ともあれ、このサイズの、しかもピックアップトラックだけに、数が出るということにはならないだろう。しかしながら、ちょっと堅い感じのする三菱自動車のイメージをアクティブに変化させる存在となりそうで、中々楽しみなトライトンである。

アウトランダーPHEV……………三菱

三菱の元気回復の主因。独創的かつ完成度高い

今の三菱自動車に自信を取り戻させた存在。アウトランダーPHEVのことは、そんな風に評していいのではないだろうか。

開発にあたっては、日産、ルノーとのアライアンスの成立により急遽、エクストレイルなどと同じCMFプラットフォームが使われることになった。しかしながら結果として、その旨味を活用して持てる力を三菱自動車のSUVとして実現したいポイントに注ぎ込むことで、とても独創的で、しかも完成度の高い1台が生み出されることとなった。

何より三菱自動車らしいのが、その走りである。2・4Lエンジンと前後2基の電気モーターを組み合わせたPHEVシステムは、駆動用バッテリーの容量アップにより航続距離はEV87kmに。普段はほぼエンジンをかけず静かで滑らかに走ってくれる。モード選択によりワンペダルに近い運転も可能だ。

このツインモーターAWDとブレーキ制御によるAYC（アクティブヨーコントロール）を統合制御するS-AWC（スーパーオールホイールコントロール）は、高い走破性を実現している。先の冬には雪道でも、その素晴らしいコントロール性を満喫した。単に安定しているだけでなく、アクセルで曲げていけるその走りは、まさにランサー・エボリューションの知見。三菱自動車の〝らしさ〟である。

大径タイヤを履く外観も、やはり独創的。まあ少し好き嫌いは分かれそうではあるが、そんな無骨さも含めて、三菱自動車のクルマらしい。

一方、たとえば最新の運転支援装備は日産の技術を使っている。また内装の上質な仕上げも、やはりこの経営体制の変化がもたらした開発プロセスの刷新により実現されたという。

単に〝らしい〟だけでなく、それを高いクオリティで実現した走りやデザイン。アライアンスをうまく活用して、三菱自動車の持ち味が存分に活かされた1台である。

▶アウトランダー PHEV

●4710mm×1860mm×1745(1740)mm/2705mm/2010～2110kg●2359cc, 直4DOHC, 133PS/5000rpm, 16.8kgm/4300rpm, フロントモーター:85kW(116PS),26.0 kgm, リアモーター:100kW(136PS), 19.9kgm, 電池容量:20kWh, EV走行距離:83～87km●固定ギア比●4WD
●484.1万～570.6万円

デリカD：5 ……… 三菱

一線級の実力保つベテラン。人気持続も納得

デビューは2007年1月。つまり三菱デリカD：5は、もうすぐ登場17年という超ロングセラーである。もっとも先代デリカ・スペースギアもモデルライフは13年間に及んだから、三菱にとってはそれも特別な話ではないのかもしれない。

スペースギアのフレーム一体型ボディ構造に対してD：5は乗用車用プラットフォームを用いるが、リブボーンフレームや環状骨格構造、大型クロスメンバーなどの専用アイテムによってボディ剛性を高めている。エンジンは2・2Lディーゼルで、尿素SCRシステムを組み合わせる。

走らせてみると、2019年に大幅な改良を受けたエンジンは登場時より大幅に静かで、8速ATとの組み合わせにより力強く走る。車体もしっかりとした印象。豊かなストロークをもつサスペンションと相まって、懐深くぬくもり感のようなものを感じる乗り味を実現している。

先進安全装備を見ても、レーダークルーズコントロールや車線逸脱警報システムなどは標準で、足りないのはステアリングアシストくらい。パーキングブレーキも今や電動である。

要するに、長い間そのまま売られていたわけではなく、絶え間ないアップデートで今も一線級の実力を保持しているのだ。いい意味でちょっと懐かしい感じの乗り味含めて、正直気に入ってしまった。

もっとも、さすがにあと5年も10年もこのままではないだろう。実際、社内では検討が進んでいるようで、なんと新型トライトンのフレームを使うことも検討されたという。但し、これは不採用となったようだが。

ジャパンモビリティショーに展示されたD：Xコンセプトも、その一環。まだ市販モデルをリアルに予想させるようなものではなかったが、ともあれ再度試したD：5の味わい深さに、改めて期待が高まってしまったのだ。

▶デリカ D:5

●4800mm×1795mm×1875mm/2850mm/1930〜1980kg●2267cc, 直4DOHCディーゼルターボ, 145PS/3500rpm, 38.7kgm/2000rpm●8AT●4WD●400.2万〜457.7万円

デリカミニ

三菱

「三菱らしさ」「デリカ感」押し出し、大成功

三菱にとって大事な名前であるデリカの名前を冠して登場したデリカミニは、実際にはeKクロス・スペースのマイナーチェンジ版だ。販売好調とも、市場で受け入れられているとも言えなかったこのクルマを、「三菱らしさ」という軸で見事に息を吹き返させたのだ。

面白いのは必ずしもそのデザインがデリカD：5に似ているわけではないということである。反映させたのは、そのエッセンス。まずはボクシーで背が高く、そこに往年のRVブームの時代を彷彿とさせるガードバー的な要素を三菱のデザインキーであるダイナミックシールドと融合させたフロントマスクと組み合わせる。強いて言えば、丸目は初代デリカのイメージだが、半月状とすることで甘すぎなく仕立てている。これらのデザイン要素によって演出された言わば〝デリカ感〟がウケたというわけである。

フェンダーやドアパネルの下側はブラックとされているが、実はコレは別パーツではなく塗り分け。それでも先にブラックを塗った後にボディ色を塗ることで塗装の断面が下を向くように配慮していたりもする。これが上向きだと汚れが溜まったり、洗車機が引っかかったりするからだ。

もっとも〝デリカ感〟は見た目だけの話ではない。4WDモデルに限るものの、大径タイヤにより地上高を拡大し、専用開発のショックアブソーバーを組み合わせて悪路走破性を高めているのだ。バンパー形状も路面干渉を防ぐことに配慮している。

走らせてみると、フロントが柔らかくストロークして路面をトレースしていく感じは、まさにデリカD：5に通じるもの。さすがに同じようには行かないが、その名への期待にはできる限り応えている。

デリカミニの成功は、まさしく企画とデザインの勝利である。臆することなく追求した〝らしさ〟が、しっかり受け入れられたことは、三菱自動車にとっては大きな自信に繋がったに違いない。

▶デリカミニ

●3395mm×1475mm×1800(1830)mm/2495mm/970～1060kg●①659cc, 直3DOHCターボ, 64PS/5600rpm, 10.2kgm/2400-4000rpm, モーター:交流同期電動機, 2.0kW(2.7PS)/1200rpm, 4.1kgm/100rpm②659cc, 直3DOHC, 52PS/6400rpm, 6.1kgm/3600rpm, モーター:交流同期電動機, 2.0kW(2.7PS)/1200rpm, 4.1kgm/100rpm●CVT●FF/4WD●180.4万～223.9万円

誰にでもわかる〝らしさ〟へ

冒険に行きたくなる、頼り甲斐ある相棒

最新のデリカミニにトライトン、更にアウトランダーPHEV、デリカD：５などに改めて触れて感じたのは、特有の骨太感あるいは頼り甲斐といった三菱自動車の〝らしさ〟が、マニア向けに留まらず、三菱ファンじゃない人にも「何だか良いよね」と思わせるものに昇華されているなということだった。

振り返れば、昔の三菱自動車のクルマはまさにそういう感じではなかったか。ブームになった頃のパジェロも歴代デリカも、機能を突き詰めていった結果、生まれたクルマが人々のライフスタイルを彩る存在になっていた。だからこそブームになり、あるいは異例の超ロングセラーになったのだ。

少し前までの三菱自動車が今ひとつ元気なく見えていたのは、そういう自信が損なわれていたからかもしれない。様々な不正もあったしクルマも売れていなかった。それが負のサイクルになっていたのかも……というのは、今になって思うことである。

風向きが変わってきたのは、２０１９年の加藤社長の就任、そして今回インタビューに時間を割いていただいた長岡副社長の参画の辺りからだろう。俯《ふ》瞰《かん》から会社をジャッジして、ずっと中に居た人にとっては当たり前でしかなかったことまで含めて、三菱自動車の長所、そして誇るべき〝らしさ〟をクローズアップする。それがクルマづくりにも経営にも、ポジティヴに働き出したならば、皆の自信に繋がり、内向きだった顔はいつしか外向きになる。

経緯をつぶさに見てきたわけではないが、そうした変化はクルマにしっかり表れているように思う。お話をうかがい、ラインナップを改めて眺めてみて、なるほどと合点がいったという次第だ。

さて、その長岡副社長へのインタビューの最後に、〝クルマでなければ味わえない場面〟という言葉が

2023年のジャパンモビリティショーで三菱が発表した、未来の「デリカ」をイメージしたコンセプトカー「D:X」。広い空間を確保した、電動4WDのPHEV。三菱の得意技を生かした高い走破性で、冒険に連れ出す。

出てきた。この時、ふたつのエピソードをうかがったのだが、紙幅の都合でひとつだけ紹介したい。

「デトロイト赴任時代、冬には気温がマイナス30度以下になることも度々ありました。そんな日々の中、会社でクリスマスパーティーがあり、夜遅くに妻と家に帰っていたら、途中で突然ダイアモンドダストが降ってきました。周りにクルマはなく、その中を走っていたのは私たちだけ。この景色は本当に神々しいと言えるものでした。もしも外に居たら命の危険も感じるほどの寒さでしたから、まさにクルマだからこそ出来た体験だったと思います。三菱自動車のクルマで、多くのお客様がこのような素晴らしい体験をして頂ければと心から思いますね」

骨太、無骨などと形容されがちな三菱自動車のクルマの〝らしさ〟が、こうしたシーンと馴染むようになった時、まさに「三菱自動車は変わったね」と言われるのではないかと思う。簡単ではないだろう。しかし方向性は定まった。それこそ愚直に進むのは得意な会社のはず。この先を楽しみに見守りたい。

PART 2

クルマ界はどうなる?

01 トヨタ社長交代

世界が注目する変革の中で大きな決断がなされた

２０２３年1月26日、大きなニュースが飛び込んできた。トヨタ自動車の豊田章男社長が退任し、自身は会長に就任。レクサスとＧＲのカンパニーを束ねる立場だった佐藤恒治執行役員が社長に昇格するという発表である。

社長としてよりモリゾウ選手としてサーキットでお見掛けする機会が圧倒的に多く感じられた豊田会長。お世辞抜きに社長就任当時よりも若く見えるから忘れていたが、実は発表の時で御年66歳。社長就任から実に14年が経っていたことになる。

戦後初めての赤字転落後という大嵐の中で就任し、リコール問題、東日本大震災等々、様々な苦難に見舞われた豊田社長。しかし過去にとらわれない大胆な施策が徐々に実を結び、トヨタは単に業績を回復させるのみならず、かつてとはまったく異なるメーカーへと変革していく。

もっとも象徴的な言葉が「もっといいクルマをつくろうよ」だ。その意味は社内からも社外からも、決して当初から理解されていたわけではない。抽象的過ぎて、一体何が言いたいのかと誰もが訝しがった。思いは、誰かの具体的な指示を待つのではなく、それぞれに仲間の、ユーザーの、相手の目線に立って自分で考えるよう促すこと。そう浸透するにつれてトヨタは変わった。例えば今、クルマ好きの気持ちにもっとも寄り添ったメーカーとして、トヨタが真っ先に浮かぶ人は多いだろう。

そんな豊田氏も、退任に当たっては「私は古い人間」と述べた。「私はどこまでいってもクルマ屋

で、クルマ屋を超えられない。それが私の限界」だと……。

若さに期待され、その座を託された佐藤社長は就任時53歳。奇《く》しくも豊田会長の社長就任時と同年齢での抜擢である。就任から半年とちょっと。感じるのは、経営がスピードダウンしていないということだ。一旦態勢を整えてなんて言っていられる時代ではないとは言え、むしろ懸案だった電動化への対応をはじめ、ますます積極的な姿勢が小気味良い。

無論、それらが商品やサービスとして具体的になるまでには、まだ時間が必要だろう。社長交代の大きな理由のひとつであり、懸案であるモビリティカンパニーへの変身がいかに成し遂げられるのかは、世界が注目している。

大変な時代にバトンを受け取ったものだが、やるしかない。ここで変革が速やかに進めば、さすが豊田章男、さすが佐藤恒治、そしてさすがトヨタとなるだろう。

ともあれ豊田章男会長が歴史に残る経営者だったことは間違いない。その大変革の同時代の目撃者となれたことは、本当に得難いことだった。

多くのエンジン車種が終了。存在感示せるか

ジャガー・ランドローバー・ジャパンは内燃エンジンを積むＦタイプ、ＸＥ、ＸＦ、ＸＦスポーツブレイクの受注及び生産が２０２３年いっぱいで終了すると発表した。２０２１年２月に発表した新グローバル戦略「REIMAGINE」にて、２０２５年からの完全なＢＥＶブランド化を宣言したジャガー。まだ売れ筋ＳＵＶのＦ－ＰＡＣＥ、Ｅ－ＰＡＣＥは残るとは言え、いよいよ２０２５年が近づいてきたことを実感させられた。

そもそも世界的に低迷していたジャガー。いっそのＢＥＶブランドにいち早く転換させようという選択自体は間違っていなかったと思う。しかし２０１８年、欧州のプレミアムブランドの中では先陣を切ってＩ－ＰＡＣＥを投入した後、ＢＥＶ化されて投入予定だったフラッグシップのＸＪが新しい経営陣によって白紙撤回されたのは痛かった。２０２５年に向けて改めて仕切り直されて以降は、今に至るまでほとんどニュースが無い状況である。

結果、現状のブランドの存在感はきわめて薄くなってしまったと言わざるを得ない。経営陣はこの現状を一体どうやって打破していくつもりなのか。

訳あって最近、普段の移動にＦ－ＰＡＣＥを使っている。とはいってもただのＦ－ＰＡＣＥではなく、最高出力５５０PSの５・０Ｌ／Ｖ８スーパーチャージドユニットを積むＳＶＲなのだが、そんな仕様ですらも改めて実感させるのは、ジャガーには独特のタッチがあるということだ。

ステアリングホイールに伝わるフィードバックはなんとも滑らか。動きはシャープだが、しかしシャープ過ぎず絶妙なタメがある。22インチという大径のタイヤ&ホイールを履くため強めに突き上げることはあるが、次の瞬間にそれをきれいにいなし、姿勢をひたっと落ち着かせる。エンジンだって、右足の動きにトルクが生き物のように追従して、獰猛なのに従順。とにかくすべてに大胆なのに繊細な手触りが息づいているのだ。

ジャガーは、圧倒的な高級感や、息を呑むような動力性能で勝負してきたブランドではない。普遍的な美しさ、そしてこの得も言われぬタッチこそを大事にしてきただけに、REIMAGINE＝再構築が簡単でないのは、容易に想像できる。無論、BEV時代のそれは最先端のハイテク満載で現れるのだろう。けれど、俗にジャガーネスなどと喩えられる、このタッチを忘れてほしくはないと強く願う。両者がうまく溶け合って、作用しあって、新しい何かを生み出すことができれば……その時にはジャガーにしか無い未来が切り拓かれると信じたい。

ル・マンでの不可解なルール変更に憤りを覚える

２０２３年のモータースポーツ、一番の事件はやはりル・マン24時間レースのことだ。直前に行なわれたルール変更により、それまでのＷＥＣ（世界耐久選手権）で２連勝中だったトヨタが一気に不利に立たされたのだ。訊けば、準備されたマシンがファクトリーを出た後の、もう対応しようが無いタイミングでの不意打ちだったというから、これは明らかに誰かの何らかの意図があってのことだったのだろう。記念すべき第１００回大会のル・マン。勝つのが日本車では……と考えた輩が、彼の地には居たようである。

結果、予選はトップから1秒差をつけられる。決勝は、ことによればそれでも勝てる可能性はゼロではなかったとは思うが、ミスもありそれは叶わなかった。但しそのミスだって、本来なら居るべきではない位置でレースを戦わされたことが遠因だと考えれば、責められないものだったと私は思う。ル・マンは、モータースポーツは元々そういう政治的なものだと訳知り顔で言う者は少なくない。しかし私はそういう意見に与《くみ》したくはない。技術で競い合う。ドライバーがアスリートとして競争する。そういうものでないならば、何がスポーツなのだろうか。

日本人はル・マンへの思い入れが深いし、まして得意の技術であるハイブリッドを活かして戦える場である。トヨタのＷＥＣそしてル・マンへの参戦を私はずっと応援してきた。けれど正直、こういうレースに出続ける意味があるのかと突きつけられた思いだ。

翻《ひるがえ》ってＦ１は２０２３年、ホンダ製パワーユニットを積むレッドブルが絶好調で、ほぼすべてのレースを席巻している。しかしながらシーズン途中でパワーが絞られたりウエイトを載せられたりといったことは起きていない。もちろん、裏では色々な駆け引きがあるのかもしれないが。

トヨタは、Ｆ１にこそ参戦すべきじゃないだろうか。Ｆ１にはＷＥＣのようなＢｏＰ（バランス・オブ・パフォーマンス）と呼ばれる性能調整など無く、速いマシンが速いという純粋な技術競争がそこにはある。ハイブリッド、カーボンニュートラル燃料の開発といった技術的な要素を考えても、トヨタにとって参戦の意味は大きい。

奇しくも、そのル・マンで悔しい思いをした平川亮選手が先般、マクラーレンＦ１チームのリザーブドライバーに就任した。断たれていたかに見えたトヨタとＦ１の繋がりが、薄っすらと甦っている。

市販車を使ったＧＴレースやＷＲＣはＧＲの名の下で行ない、Ｆ１は満を持してレクサスで。私は勝手にそんな風に想像しているのだが、どうだろうか。

04 輸入車に頼るホンダ

苦しくても日本市場のニーズに合ったクルマを

エントリークラスのＳＵＶを持っていなかったホンダが遂にラインナップに加えたＷＲ－Ｖは、何とインド工場製である。いや、大して驚くようなことではないのかもしれない。何しろ今後出てくるホンダ車、アコードはタイから、オデッセイは上海から来ることになっているのだ。

円安で収益は良くないだろうにわざわざそうするのは、そうでもしないと国内の販売店で売るものがないからだ。気がつくとホンダ車のラインナップ、本当に数が減ってしまっている。あるのは軽自動車とコンパクトカーばかりでは、せっかくそこでホンダファンになってもらったお客さんも次は他銘柄に移ってしまう。取り敢えず儲からなくてもいいから選択肢を揃えようというのは、そう考えれば納得できる。

ホンダのビジネスは今、大雑把に言って北米、中国、それ以外の３極に分かれている。日本もつまり「それ以外」に振り分けられたのだが、それならそれで北米、中国とは異なるニーズに基づいたモデルの新規開発が考えられてもいい。今後は新型コンパクトＳＵＶなのにハイブリッドもない、なんてことにならないように。

ホンダに足りないのはそれだけじゃない。商用車のタマがないのも問題だ。Ｎ－ＶＡＮはあるがアクティの生産終了で軽トラックはもはや無く、また商用バンもワンボックスも用意されていないのだ。商用車は大きな商売ではないかもしれないが、太い商売ではあり、販売店にとって非常に重要な存

在のはずだ。アコードのようなクルマは、こうした商用車を使ってくれている会社の社長が「これももらっておくよ」と言って買ってくれるものなのでは？　要するに商用車が無いからアコードもレジェンドも売れなくなる。そんな悪循環が生まれているようにも見える。

Ｎ－ＶＡＮをトラックに出来ないのならＯＥＭ供給でもいい。ライトバンは、大型トラックで提携しているいすゞのコモがある……と思ったら、こちらは日産キャラバンのＯＥＭ供給だった。でも無いよりはよほどいい。いや、本当はハイエースの供給を頼んでもいいのだ。趣味のクルマじゃないんだから。

まあ、気高きホンダにはそれは期待できないだろう。であれば、ステップワゴンの商用車版を仕立てるのはどうか。装飾を剥《は》いだ道具っぽいテイストは、初代を彷彿とさせるその外観に馴染みそうというか、むしろ皆が欲しがる気がする。樹脂製無塗装バンパー、簡素な内装＆シート地のステップワゴン……じゃなくて、これぞまさにステップバン。結構いける気がするのだが。

⑤今年の私のクルマたち

最後のスバル製サンバー入手。早く直して乗りたい

ほぼ毎年のようにアレ買ったコレ買ったと書いていて、冷静に考えると何と無駄遣いばかりしているのかと思う。その反省で、というのはウソだが、実は２０２３年は1台も購入しなかった。但しクルマが増えていないわけではなく、スバルが開発していた時代の最後のサンバー、２００６年式の正式にはディアスワゴンを手に入れた。エンジンが壊れた車両を無償で譲っていただいたのだ。

きっかけを記すと長くなる。実家で両親が乗っているクルマが２００５年式という大古車のスズキＫｅｉだと分かり、さすがに緊急自動ブレーキは要るだろうと慌ててホンダＮ－ＢＯＸを購入し、Ｋｅｉと交換して帰ったのだが、そこで気づいてしまったのだ。こっちの方が良いクルマなんじゃないかと。

高張力鋼板の使用範囲が少ないからか鉄板が厚い感じがするし、低圧過給のターボエンジンとトルコンＡＴのパワートレインのドライバビリティも良い。過当競争の中、徹底的に効率化、低燃費化を追い求めた今の軽自動車は、もしやあまり健康的とは言えないかもと思えたのである。

そこで脳裏に浮かんだのが、昔スバル製サンバーの開発者が話していた「これはＧＴカーですよ」という言葉。リアに積んだ4気筒エンジン、４輪独立懸架式サスペンションなど今の軽自動車にはない贅沢な作りとされていたサンバー、やっぱり試してみたいと思い立って探したのだが、目下その価格は高騰中である。スーパーチャージャー、ＭＴ、４ＷＤの〝三種の神器〟が揃った車両の価格は下

手すると新車当時を超えるのだ。

そんな中、友人が見つけてくれたのがエンジンが壊れたスーパーチャージャー＋ＭＴの車両。４ＷＤでこそなかったが、何しろ無償である。即決して迎え入れた。

けれど実は、まだ乗ったのは駐車場を数メートル転がしたくらい。室内を１度、徹底的に掃除したっきり忙しくて放置してしまっている。この本を書き終えたら、早く直して乗るつもりである。

本当は他にも欲しいクルマはあるが、最近は新車がなかなか手に入らず、中古車市場も高騰。買いたくても買えない状況が続いている。あるいは後ほどの日産ＧＴ－Ｒのページに書いたように、売り方までおかしなことになってしまっているのが現状だ。本当はポルシェ９１１ＧＴ３が欲しいが、これも取り巻く状況は厄介なことになっている。

この喧騒はいつか沈静化するのか、それとも純エンジン車が買えなくなるまで続くのか。いずれにせよ、好きなクルマを選んで乗るというだけのことが、どれほど素晴らしいかと再認識している昨今なのだ。

⑥JMS

「昔見た実現しなかった夢」をまた見せられても…

永らく続いた東京モーターショーがその幕を下ろし、新たにジャパンモビリティショーがスタートした。文字通りクルマだけに留まらない、モビリティに関わるあらゆる企業の参加を募るカタチは実は２０１９年の〝最後の〟東京モーターショーから方向性が描き出されつつあった。今回のショーは家電、通信企業、各種スタートアップなど実に約５００社が出展する巨大イベントとなった。

次世代モビリティ関連の出展は「TOKYO FUTURE TOUR」という題目の下に集められた。テーマごとに集められたモビリティそのもの、そしてそれを活用して何ができるのかを示した出展は、さすがリアルに開発に勤しんでいる人や会社に拠るものだけに、規模は決して大きくなかったが、リアリティも感じられたし、面白かった。

惜しかったのは入場時に見せられる未来の東京の姿という映像。クルマが空を飛び、自動運転の車内でライヴが楽しめて、ドローンがフードをデリバリーしてくるという景色は、すでにどこかで見たような未来感で正直、萌えなかった。制作陣は本当に未来にワクワクしていたのだろうか？

自動車メーカーの出展で目立ったのは、まずはやはりトヨタ。近未来も、その先も、クルマも次世代モビリティも幅広く揃えた。ホンダにも唸らされた。そもそも海から空、二輪から四輪、汎用まで手掛け、宇宙をも見据えるモビリティカンパニーだけに、その特色がフルに活かされていた。

一方、自動運転前提のラウンジのような内装や、１０００kWのモーターパワーといった提案には正

ホンダ「サステナCコンセプト」と小型電動バイク「ポケット・コンセプト」

リサイクルのアクリル素材の無塗装外板などを利用して、環境負荷が少なく製造できるというBEV。初代シティとモトコンポを彷彿とさせるデザインで、注目を集めた。

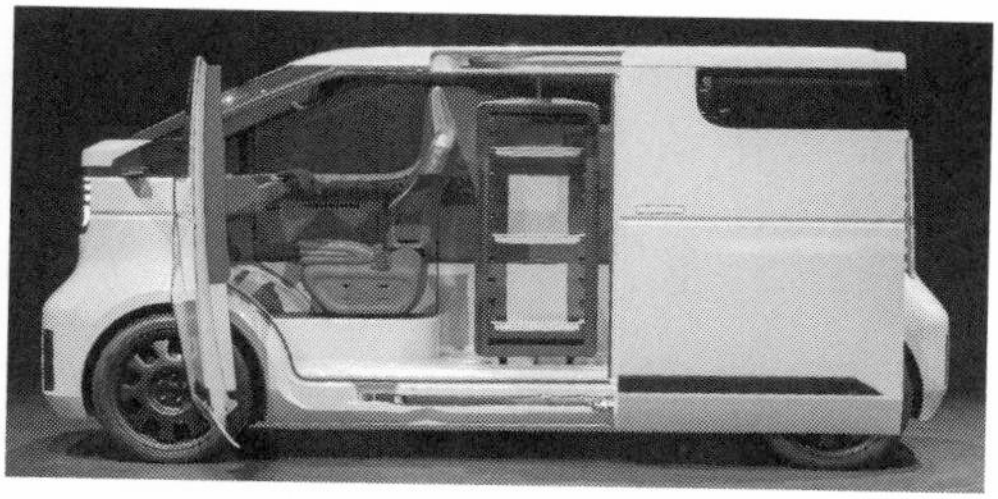

トヨタ「KAYOIBAKO」

BEVならではスペースユーティリティを最大限に活用する、全長4mながらも広々とした「動く箱」。高度なカスタマイズ自由度を備え、ベース車両としてユーザーが自由な発想で利用することを想定。

日産「ハイパーフォース」

次世代の高性能スーパーカーとして発表されたコンセプトカー。全固体電池と高出力モーターで1000kW（1360PS）を出力する、とのこと。このタイミングでのハイパワーBEVの提案で、今の現実との乖離もあり、「それじゃない感」が湧いた1台。

直、「それじゃない感」を抱くのみだった。それこそ２０１７年頃の東京モーターショーでは各社、５年もすれば自動運転の時代になると言っていた。けれど、そんな未来は来なかったことは誰もが知っている。パワーだって、あるほどエラかったのは昔の話だ。見せるべきは、来なかった未来に代わるリアルな現在地ではなかったか。その方が、却《かえ》って未来志向というものだろう。

２０２３年、上海モーターショーで世界が震撼したのは、そこに並ぶ先進感たっぷりのクルマ達が、どれもすでに発売されているものだったからだ。その意味で、これらのコンセプトカーが〝上海〟後の世界にどう響いたかと考えると、厳しいものがある。

未来への希望やイマジネーションは大きく持たなければならない。しかしながら、それを単なる夢物語に終わらせず、信じれば叶う未来にしていくためには、むしろ足元の現実味のようなものも必要なのかもしれない。その両輪が噛み合った時、未来は今と地続きになる。

先般、経団連のモビリティ委員会も立ち上がった。業界を超えた連携が広がり政治との一体感も増していけば、夢を現実にする力が国全体で高まっていく、そんな可能性はあると思うし期待もしたい。

ジャパンモビリティショー、その意味では仕切り直しでやっとスイッチが入ったところと言うべきだろうか。こうした危機意識なり機運なりをホットなまま次の動きに繋げるには、あるいは毎年開催を考えていいかもしれない。同じような内容ではなくＣＥＳ的なショーでもいいし、今回開催されたジャパンフューチャーセッションも、もっと規模を広げて世界の自動車の叡智が集まるサミットのようなアカデミックなものにしてはどうか。日本だけでなく世界の自動車業界が注目せざるを得ない、クルマの未来を導くモビリティショーにしていくには、それじゃないかと私は思っているのである。

PART 3

車種別徹底批評［国産車］

＊各車のサイズ、エンジン性能、価格等を写真の下に表記した。
表記されているどの情報も、原則として2023年11月現在のものである。
価格は消費税込みの車両本体価格を1000円未満四捨五入で表記した。
●【全長】×【全幅】×【全高】／【ホイールベース】／【車両重量】●①【総排気量】，【エンジン形式，ヴァルブ形式】，【最高出力】／【回転数】，【最大トルク】／【回転数】，②……　●【トランスミッション形式】●【駆動形式】●【価格帯】
ハイブリッド車（HEV）、プラグインハイブリッド車（PHEV）、電気自動車（BEV）、燃料電池車（FCEV）などについては適宜、モーターの形式と出力、電池容量、水素タンク容量、航続距離などの情報も記した。

＊著者主宰のYouTubeチャンネル「Ride Now」と連動し、論評する車種の試乗動画を閲覧できるようにした。掲載のQRコードをスマートフォンなどでスキャンすると動画が見られる。

Ride Now　https://www.youtube.com/c/RideNow

２０２４ 今期のベスト3台

1 トヨタ

カローラシリーズ

コロナ禍を抜けて２０２３年には、まさに堰《せき》を切ったように沢山の新型車が登場した。毎週何台も試乗を重ねるだけでなく、結果20回近くも国際試乗会に出かけることもできて、有り難いことに今年も余裕で3桁の数のクルマをテイスティングできた次第だ。

そんな中からたった3台を選ぶのは難しい……と毎年書いている気がするが、1位はすんなりと決まった。トヨタ・カローラである。これまた昨年同様、ＧＲカローラまでも含むシリーズでの選択と考えていただければと思う。

とりわけ、やはりカローラ・クロスである。10月の商品改良で値上げされて、残念ながらアンダー２００万円モデルは無くなってしまったが、それでもエントリーのＧ〝Ｘ〟は２１８・4万円で購入できる。本革巻きステアリングホイールはともかく、ブラインドスポットモニターや安心降車アシストは譲れないと考えればひ

3 メルセデス・ベンツ

Eクラス

2 トヨタ

クラウン・スポーツ

とつ上のＧになるが、それでも２４１万円だ。
　後ほど紹介するホンダＷＲ－Ｖが２５０万円以下という価格帯を強調しているように、最近のクロスオーバー／ＳＵＶ市場の中心は、コンパクトクラスに移っているという。そこに入ってくるのはヤリスクロス、ロッキー／ライズ辺りだろうか。それに対して、カローラ・クロスは、ひと回り大きなサイズで乗員にも荷室にも十分なスペースを持ち、エンジンも２・０Ｌで余裕がある。しかも繰り返しになるが、本当にフットワークが素晴らしい。それでこの値段である。改めて、唸らされるばかりだ。正直、車庫のサイズなど特段の事情が無い限りは、コレを選んでおけば間違いないと言い切れる。圧倒的なその存在感は今年も揺るがなかった。
　２位は、今年乗った中で特に印象的だったクラウン・スポーツ。大胆であり且つ美しいデザイン、クロスオーバー以上に爽快なフットワークが揃い、しかも車名はクラウンである。正直、自分自身が乗りたい1台だ。

実は最初は、何でこれがクラウンなのかと思っていたぐらいなのだが、先に記した通り、これは今の時代のクラウン・アスリートなんだなと分かった途端、すべてが腑に落ちた。あとはＰＨＥＶにソーラー充電システムを用意してくれたら言うことはないのだけれど。

３位にはメルセデス・ベンツＥクラスを挙げたい。正直、現行モデルも完成度に文句はなく、事前には「別に刷新しなくてもいいのでは」と思っていたくらいなのに、乗ってみてその進化ぶりに驚愕した。ブランドは電動化に邁進中。プラットフォームは先代からの継承で……なんて先入観が吹っ飛ぶ凄まじく高い走りの質、将来の自動運転への道筋が改めて見えてくる先進運転支援技術の進化ぶり、最先端のインフォテインメントシステムに、クルマはまだまだ進化できるのだなと深く感心させられ、次の瞬間には、いいところまで来ていると思っていた日本車も、進化を続けなければ簡単にやられるぞという危機感が湧き上がってきた。やはり侮り難きは、自動車なるものを発明したブランドである。

以上、３台が今年のベストスリーだが、最後まで悩んだのがホンダＺＲ－Ｖである。特にｅ：ＨＥＶのＡＷＤの密度の濃い走り、圧巻の雪道走破性に魅了された。都会派の装いを敢えて崩してアウトドアテイストにして乗ってみたい。

輸入車ではアルピーヌＡ１１０Ｒと、シボレー・コルベットＺ06。前者はホイールまでＣＦＲＰ化するなど、Ｒ＝Radicalなダイエットで車重１０９０kgを実現。弾けるほどに軽快な走りに惚れた。そして後者はＷＥＣのレースカー直系の５・５Ｌ、Ｖ８エンジンの豪快で爽快な走りに打ちのめされた次第。両極端な２台だが、いずれかチャンスがあればゼヒ手に入れるつもりだ。

ソリオ……………スズキ
HEV版追加。絶妙な立ち位置でさらに人気

2022年12月にハイブリッドの追加などの改良を行なって、スズキ・ソリオの販売はますます上向いている。現行モデルの登場から3年になるわけだが安定感は変わらず。すっかり定番商品となったと言っていいだろう。

軽自動車からステップアップしたいというユーザーに手頃なサイズとひと回り上の走りでアピールする一方、十分な広さ、従来のMHEV（マイルド・ハイブリッド）に加えてハイブリッドの設定などによって大型ミニバンからのダウンサイザー組を受け止める。この辺りの位置づけは当初から絶妙だったわけだが、昨今経済的に元気が無くなっている影響もあるのか、ますます注目度が高まっているようだ。

改良版にはまだ乗れておらず、進化ぶりをお伝え出来ないことをお詫びしたい。近いうち、しっかり確かめておかなければと思っている。

▶ソリオ

●3790mm×1645mm×1745mm/2480mm/960〜1050kg●①1242cc, 直4DOHC, 91PS/6000rpm, 12.0kgm/4400rpm, モーター:交流同期電動機, 10kW（13.6PS）/3185-8000rpm, 3.1kgm/1000-3185rpm②1242cc, 直4DOHC, 91PS/6000rpm, 12.0kgm/4400rpm, モーター:直流同期電動機, 2.3kW（3.1PS）/1000rpm, 5.1kgm/100rpm③1242cc, 直4DOHC, 91PS/6000rpm, 12.0kgm/4400rpm●CVT/5AGS●FF/4WD●164.8万〜229.4万円

スイフト……スズキ

新型が姿現す。スタイルも燃費も期待大

ジャパンモビリティショー２０２３で初公開されたスイフト・コンセプトを見た時、サイズも大きくなってしまったようだしインテリアも新鮮味が薄いなと、第一印象はさほど良くなかったのだが、実はサイズは全長４ｍ未満、全幅１・７ｍ未満をキープしているのだと聞いて驚き、自らの眼力の無さを恥じた。言い訳をちょっとだけ含めて言えば、巧みなデザインがワイドで力強く見せているわけだ。

前後のライトやグリルなどのディテールは凝っているが、フォルムはシンプル。フードから始まりショルダーをグルっと一周する水平のライン以外はスマートな印象なのだが、そのラインから上がギュッと絞り込まれている一方で下の前後フェンダーには豊かな量感があって、これがきっと実寸以上にワイドに見せているのだろう。

一方、インテリアはダッシュボード中央に大きなディスプレイが鎮座し、操作系全体がドライバー側を向いたレイアウトで、いわゆるコクピット感が高まっている。セレクターレバーの存在感も大きく古めかしくも感じるが、誰もが戸惑わない使い勝手だという言い方もできるだろう。世界中で支持されているクルマだけに、敢えての選択と見た。

パワートレインは高効率エンジンにＣＶＴの組み合わせとだけ公表されていて、クラストップレベルの燃費を稼ぎ出すという。エンジンルームの中にあるのは現行の１・２Ｌガソリンエンジンだったようだが、おそらく２０３０年前後までは見据えたモデルだろうから、しっかり進化させているはずだ。

現行スイフトにはハイブリッドもあったし、スイフト・スポーツの進化だって皆が楽しみにしている。この辺りの展開にはまだ言及は無いが、スズキだって期待の大きさは重々承知のはず。ここは楽しみに待ちたい。この時点ではコンセプトと記されてはいたが、予想通り、そのままのカタチで登場した新しいスイフトは、２０２４年注目の１台である。

▶スイフト・コンセプト

●スペック非公表

ヤリス……トヨタ

欧州でも人気継続。実用と楽しさ兼備

本格的に海外渡航が再開して、2023年はヨーロッパに行く機会が久しぶりに本当に多かったのだが、あちこちで本当に良く見かけたのが、トヨタ ヤリスだった。何しろ、日本ではヴィッツと呼ばれた初代モデルからフランスでも生産されているクルマだけに別に珍しいわけではないのだが、それにしても見かける頻度が増えたなと思う。

あるいは数だけでなく目をひくデザインも、そう感じさせている要素かもしれない。ヨーロッパで売られているヤリスは外板の一部が違っていて、日本のそれよりちょっとだけ幅が広い。それが思いのほかカッコ良いのである。

もっとも、売れている理由は見た目の存在感だけではないだろう。活発なその走りっぷりも、きっと彼の地のユーザーのお眼鏡に叶っているのではないかと思う。いや、デザインにしても走りにしてもササっているのは日本のユーザーも同様のはずだ。

5ナンバーサイズの日本仕様でも、フェンダーが強調される一方でキャビンがコンパクトにまとめられた姿は、いかにも軽快な印象である。鮮やかなボディ色だと尚更だ。代わりに室内、特に後席のスペースは割り切られているが、広さが欲しければ今の時代、クロスオーバーSUVを選べばいい。

走りも思いのほか元気でイイ。ハイブリッドの圧倒的な燃費と力強さの両立ぶりは素晴らしいの一言。一方、1・5LモデルはCVTだとシーケンシャルシフトマチックが付くし何ならMTも選べる。ワンメイクレースのヤリスカップが人気になっているように、秘めたスポーツ性はなかなかのものなのだ。

実用の道具として選ばれることが多いクルマかもしれないが、そのツボはしっかり押さえた上で、それだけには留まらない魅力も備えるのがヤリスである。個人的にはレンタカーでコレが来ると、ちょっと色気に乏しいなと思いつつ、ついつい山道では元気に走らせたりしてしまうのだ。

▶ヤリス

●3940mm×1695mm×1500(1515)mm/2550mm/940～1180kg●①1490cc, 直3DOHC, 91PS/5500rpm, 12.2kgm/3800-4800rpm, フロントモーター:交流同期電動機, 59kW(80PS), 14.4kgm(リアモーター:交流誘導電動機, 3.9kW(5.3PS), 5.3kgm)②1490cc, 直3DOHC, 120PS/6600rpm, 14.8kgm/4800-5200rpm③996cc, 直3DOHC, 69PS/6000rpm, 9.4kgm/4400rpm●CVT/6MT●FF/4WD●147万～254.8万円

フィット ……… ホンダ

改良後も不振。良い道具だが、新味乏しいか…

２０２２年のマイナーチェンジでフィットは、その完成度を大幅に高めた。実際にはプラットフォームは3代目から継承していたし、センタータンクレイアウトの基本パッケージも初代から続くものだから、熟成もここに極まれりというところである。

賛否の分かれた、目玉＝ヘッドライトの大きな、そして縦長のテールランプをはじめ代々使われてきたモチーフを捨ててしまった外装、シンプルさを狙ったつもりが簡素に見えてしまった内装などは小改良程度だが、ｅ：ＨＥＶは出力アップと燃費向上を実現し、運転支援装備も充実度を高めている。特にトラフィックジャムアシストは、一度使うと手放せない機能であり、地味だが大きな進化と言える。

実際に乗ると、力感は大きく違わないものの地力が増したという感じはある。このクラスではもはや少数派の４気筒エンジンの滑らかさも良い。

乗り心地の向上も感じられる。登場当初は一見しなやかなのに、路面の凹みなどでガツンと来る感触があったりしたが、だいぶ均《なら》された感じである。もっとも、これは生産精度の向上によるもので、機械的変更は無いとの話だった。

スポーティグレードのＲＳも復活した。スペックは変わらないが反応を機敏にしたスポーツモードが用意され、サスペンションや空力の変更で軽快な走りを可能にしたこのＲＳだが、正直見かける機会は多くはない。やはりＭＴの設定が無いせいだろうか。

スーパー耐久レースへの参加車両も旧型のＭＴを流用している状況である。この辺りは、ホンダのモータースポーツ活動を司るＨＲＣがひと肌脱いでもいいかもしれない。

どこを取っても性能に文句はなく、バランスもいいクルマだ。正直、デザインだけでここまで不振なのは解せないところもあるが、やはり目新しい魅力に乏しいということだろうか。良い道具というだけではアピールできない世の中なのである。

▶フィット

●3995(4080,4095)mm×1695(1725)mm×1515(1540,1565,1570)mm/2530mm/1080～1280kg●①1496cc, 直4DOHC, 106PS/6000-6400rpm, 13.0kgm/4500-5000rpm,モーター:交流同期電動機, 90kW(123PS)/3500-8000rpm, 25.8kgm/0-3000rpm②1496cc, 直4DOHC, 118PS/6600rpm, 14.5kgm/4300rpm●CVT●FF/4WD●162.5万～271.8万円

ノート／ノート・オーラ

スタイルと走りで選ばれるプレミアムな1台……日産

ダウンサイジング層の受け皿としてのコンパクトカーと割り切ったノートは、デザインにしてもクオリティにしても「コンパクトカーだから」というガマンは不要な存在だ。ラインナップはe－POWERのみということもあり価格レンジは高め。年のはじめには原材料費高騰などもあり更に価格が引き上げられたが、消去法ではなく指名で選びたくなるモデルである。

乗り込めば、インテリアは先進的な雰囲気。そして走らせても、電気モーター駆動ならではのe－POWERの力強く、そして滑らかなフィーリングに唸らされる。もちろんシリーズハイブリッドなので必要となればエンジンが始動するのだが、速度が上がってきてロードノイズが大きくなるタイミングを見計らって発電を行なうなど、きめ細やかな作り込みによって、全域で走りのクオリティを高めている。

先進運転支援システムであるプロパイロットが用意されるし、走りの質も高い。これなら長距離ドライブもいいだろう。また、後輪を独立した電気モーターで駆動する4WDも選べる。

そして、デビュー時からお気に入りなのが上級版のノート・オーラである。超薄型LEDヘッドライトを使ったフロントマスクはじめディテールは更にエッジが効いているし、40㎜拡大された全幅も存在感を際立たせている。ツイード調の織物表皮とレザーを組み合わせた内装もトレンドをうまく掴んだ上質さを演出していてイイ。表面に凸凹のあるオープンポアの木目調加飾、標準のツイード調織もしくはレザー貼りが選べるシート含めて、トータルでコーディネートされたセンスの良さには脱帽である。

最初に書いた通り、価格で選ぶというよりはスタイルで選ぶコンパクトカーがノート、そしてノート・オーラだ。気張ってそう主張してはいないが、間違いなくこういうクルマこそが、プレミアムコンパクトというものだろう。

▶ノート

●4045mm×1695mm×1520mm/2580mm/1220～1340kg●1198cc, 直3DOHC, 82PS/6000rpm, 10.5kgm/4800rpm, フロントモーター:交流同期電動機, 85kW（116PS）/2900-10341rpm, 28.6kgm/0-2900rpm（リアモーター:交流同期電動機, 50kW（68PS）/4775-10024rpm, 10.2kgm/0-4775rpm）●固定ギア比●FF/4WD●225万～292.8万円

▶ノート・オーラ

●4045（4125）mm×1735mm×1525（1505）mm/2580mm/1260～1370kg●1198cc, 直3DOHC, 82PS/6000rpm, 10.5kgm/4800rpm, フロントモーター:交流同期電動機, 100kW（136PS）/3183-8500rpm, 30.6kgm/0-3183rpm（リアモーター:交流同期電動機, 50kW（68PS）/4775-10024rpm, 10.2kgm/0-4775rpm）●固定ギア比●FF/4WD●269.9万～304.2万円

アクア ……… トヨタ

ひと味違う乗り味◎。ＧＲスポーツは特にイイ

バイポーラ型ニッケル水素バッテリーを使ったアクアの電気モーターの守備範囲の広い走りは、これまでのトヨタのハイブリッドとはひと味違ったものになっている。ストローク感のある乗り心地も、特に上級グレードでは往年のフランス車のイメージさながらのしなやかさとフットワークの両立ぶりだ。

新設定のＧＲスポーツは、そんな素性の良さを存分に活かした仕上がりになっている。特に効いているのはシャシー各部への締結剛性を高める溝つきワッシャーボルトの採用。操舵応答性が俄然、正確性を増しているのだ。パワートレインはハード的には変更は無いが、ＥＶ走行領域を拡大する「ＰＯＷＥＲ＋」モードが、力強さと一体感を高めている。

のけぞるほど速いとか、鋭く曲がるというわけではなく意のままになる走りには、街中でも気持ちが晴れ晴れする。コイツはオススメの1台だ。

▶アクア

●4050(4095)mm×1695mm×1485(1505)mm/2600mm/1080〜1150kg●1490cc, 直3DOHC, 91PS/5500rpm, 12.2kgm/3800-4800rpm, フロントモーター:交流同期電動機, 59kW(80PS), 14.4kgm(リアモーター:交流誘導電動機, 4.7kW(6.4PS)または3.9kW(5.3PS), 5.3kgm)●CVT●FF●199.7万〜259.8万円

マツダ２ ……… マツダ

ポップなグレード追加。センス光る改良

２０２３年１月に行なわれたマツダ２の商品改良は、ちょっと驚きのものだった。注目は新グレードのＢＤ。ボディは新設定の２色を含む11色、インパネは３色、ルーフは３色で、更にホイールキャップは６色が用意されるという具合で、コーディネートは全１９８通りというのである。

ブランドのエントリーモデルのはずが、若いユーザーに選んでもらえていなかったというのが、この商品改良の大きな理由だという。マツダ車と言えば、サイズが違っても同じような上質さ、スマートさでクルマ好きに響いていると感じていたが、それが若いユーザーにとっては「自分のためのクルマじゃない」という印象に繋がってしまっていたというのである。なるほど、もっと若々しくて、自分の個性を投影できるクルマが求められていたわけだ。

コーディネート見本というべき用品パッケージの『ＲＯＯＫＩＥ ＤＲＩＶＥ』、『ＣＬＡＰ ＰＯＰ』、更にコネクテッド機能の強化などが行なわれた２０２３年９月の商品改良で追加された『ＳＣＩ－ＦＩ』の、いずれもポップでありつつもマツダらしさのある雰囲気、悪くない。思っていた以上に引き出しを多く持っていたなと感心させられてしまった。

一方、ストレートなクルマ好きのためと言うべき存在がＳＰＯＲＴ／ＳＰＯＲＴ＋。スポルトと読むこのグレードは、内外装をブラックでまとめ、挿し色にレッドという直球の仕立てとされる。実は初期受注の４割はコレだったということで、こちらもしっかり期待に応えているのである。

デミオとしてデビューしたのが２０１４年だから、もう10年選手となるマツダ２。次のモデルをどうするのかは環境対応などもあり悩ましいところに違いない。おそらく行けるところまで現行モデルが引っ張られることになりそうだが、こうやって楽しませてくれるのなら、それもアリだろう。何しろこの商品改良版、街で見かける姿は思った以上に新鮮だ。

▶マツダ 2

●4080mm×1695mm×1500(1525,1550)mm/2570mm/1040～1250kg●①1498cc, 直4DOHCディーゼルターボ, 105PS/4000rpm, 25.5(22.4)kgm/1500-2500(1400-3200)rpm②1496cc, 直4DOHC, 110PS/6000rpm, 14.5(15.2)kgm/3500(4000)rpm●6MT/6AT●FF/4WD●154.9万～262.2万円

プレミアム化で若年層が離れていた…

［コンパクトカー］

以前ならば軽自動車からのアップサイジングの対象といった感じもあったコンパクトカーだが、最近ではクルマ自体の進化もあり、軽自動車のユーザーはそこで十分に満足していて、敢えてコンパクトカーに乗り換えようとは特に考えていないように見える。むしろダウンサイジングの受け皿としての機能の方が強い感もあるのは、世相も関係しているのだろうか。

しかしながら、それに呼応して上質さや多機能性といったものを追求していくと、本来はやはり一番来てほしい若いユーザーの気持ちが離れてしまうという現実もある。例えば、我々からすると上級モデルと変わらないデザイン性、クオリティなどを実現していて好ましく思っていたマツダ2が、それ故に若いユーザーからは「自分たちのものではない」と見られていたという話は、自分がもはや若くないと改めて感じたというショックもあるが、それ以上に興味深いというか、面白いものだなと感じられたのだった。

そういう観点で見ると、現行フィットが今ひとつ突き抜けられないのも分かる気がする。妙に落ち着いてしまっていて、ステアリングを握ることを想像しただけでワクワクするような感じ、若いユーザーは感じにくいのではないだろうか？ 一方、ヤリスのスタイリングなどは私にはちょっとアグレッシヴだなと感じられるけれども、ターゲット層を考えればいいところを突いているということなのだろう。

残念ながら試乗は間に合わなかったが、いよいよ、新型スイフトが姿を現した。サイズアップは避けながらもアグレッシヴな要素を増した外観は、そうなると結構アピール力は高そうに見える。ステアリングを握るのが楽しみな1台だ。

しかも、そんなスイフトの脇に、スズキは徹底的に機能性を追求したソリオを用意しているのだ。実際に販売店では、この2台が並んでいたりするのだろう。この辺り、スズキはやはりさすがと思う次第である。

ロッキー…ダイハツ／ライズ…トヨタ／レックス…スバル

認証不正。不利益を被るのはユーザーだ！

ダイハツの社内調査で発覚した、衝突試験に於ける認証不正問題により、ダイハツ・ロッキーとトヨタ・ライズのHEV車は5月より販売、出荷が停止となった。10月には予約していたユーザーの注文が取り消しに。社内調査が長引いているためだという。

同じような事件が何度も起きて、挙げ句の果てにまた起きる。なぜこういうことが起きてしまったのか、恒常的な不正体質があったのかなど未だ分からないことは多いが、半年も調査が続いているということは、簡単には出し切れない膿ということだろう。

ともあれ不利益を被るのは言うまでもなくユーザーである。購入できなくなってしまった方も、あるいはすでに購入している人も。せめて継続的に説明はあるべきだが、それも無いのが現状。とりあえずエンジン車は購入可能だが、オススメとはとうてい言い難い。

▶ロッキー

●3995mm×1695mm×1620mm/2525mm/970～1070kg●①1196cc、直3DOHC、82PS/5600rpm、10.7kgm/3200-5200rpm、モーター:交流同期電動機、78kw（106PS）/4372-6329rpm、17.3kgm/0-4372rpm②1196cc、直3DOHC、87PS/6000rpm、11.5kgm/4500rpm③996cc、直3DOHCターボ、98PS/6000rpm、14.3kgm/2400-4000rpm●CVT●FF/4WD●167.7万～235.7万円

ヤリスクロス……トヨタ

今期もGRスポーツが断然オススメ

デビューするや否や人気となったヤリスクロスも登場から3年が経過した。そろそろ喧騒も落ち着いているかなと思ったが、トヨタ自動車のホームページを見ると工場出荷時期は「詳しくは販売店にお問い合わせください」のまま。半導体部品の不足もあるが、需要も変わらず旺盛ということである。

それでも時期が来たということで、そろそろマイナーチェンジの報が入ってきそうだ。納車を待っている人としては、気が気じゃないところだろう。

ヤリスと共通のＧＡ－Ｂプラットフォームを用いて生み出されたこのクロスオーバーモデルは、高さだけでなく長さも幅もヤリスより拡大されたサイズを活かして後席、そして荷室にも十分なスペースを確保している。このヤリスクロスが用意されることを前提に、ヤリスは思い切って前席優先としたパッケージングを実現したわけだ。

パワートレインは、ガソリン１・５Ｌとハイブリッドが用意される。もちろん余裕があり、静かで滑らかなのは後者だが、快活に走り、また当然価格も安い前者も悪い選択ではないだろう。背伸びして高いのを買うより、その分いっぱい走った方がいい。

軽快な走りっぷりは期待に応えるもので、ヤリスより重くなっているはずなのに、それを感じさせることはない。ヤリス譲りの俊敏なフットワークは高い着座位置が導く開放的な視界も相まって、ドライブが楽しい。しかも乗り心地も、幾分かマイルドな仕立てなのである。

ドライブ好きならば、オススメはＧＲスポーツ。ピタッと真っ直ぐ走りステアリングフィールも上々な走りっぷりは、高速巡航がとにかくラクで楽しい。特に、電気モーターの特性変更でアクセル操作に対する応答性を高めたハイブリッドモデルの、打てば響く感覚は、ちょっとしたものだ。改良が入るとどうなるか分からないが、今の時点で選ぶならば、私は断然このＧＲスポーツにするだろう。

ヤリスクロス

●4180(4185,4200)mm×1765mm×1580(1590)mm/2560mm/1110～1270kg●①1490cc, 直3DOHC, 91PS/5500rpm, 12.2kgm/3800-4800rpm, フロントモーター:交流同期電動機, 59kW(80PS), 14.4kgm(リアモーター:交流誘導電動機, 3.9kW(5.3PS), 5.3kgm)②1490cc, 直3DOHC, 120PS/6600rpm, 14.8kgm/4800-5200rpm●CVT●FF/4WD●189.6万～293.6万円

キックス ……… 日産

オススメは4WD。「独自の価値」は薄めかも

同じクラスのトヨタ・ヤリスクロスの衰えない人気と比較すると、日産キックスはデビュー当初から今ひとつブレイクしない感がある。発売当初のモデルは、ＳＵＶなのに４ＷＤの設定が無かったし、内装にも安っぽさがあったりと致し方ない部分もあったと言えるが、マイナーチェンジでこれらウィークポイントは解消されている。もっと受け入れられてもいいのではないかと思うのだけれども。

外観は登場当初とまったく変わっていない。販売開始からまだそれほど経っているわけではないのでそれはいいのだが、車体前後の「ＮＩＳＳＡＮ」マークが古いままというのはいただけない。ここだけでも早急にアップデートするべきだろう。

一方、内装は新しいセンターコンソールの採用で、ずいぶん見映えが良くなった。カチカチのハードプラスチックを使ったドアパネルには手が入れられていないが、これなら納得できなくはない。シート表皮にオレンジタン、ベージュ、ブラウンといった色味を選択できるのは日本車では珍しく、せっかくならこうしたコーディネートで乗りたくなる。

パワートレインはｅ－ＰＯＷＥＲのみの設定。現行モデルは登場当初より出力、燃費をそれぞれ向上させており、更に待望の後輪を電気モーター駆動する４ＷＤも追加されている。

オススメはやはり４ＷＤだ。余裕を感じさせる動力性能、４輪を駆動することによる常日頃から感じられる安心感は、ＳＵＶに乗る歓びを高めてくれる。ドライバビリティに優れ、しかも静粛性も高いから、この点においてはひとクラス上のモデルに乗っているかのようだ。

そういう観点から言うと、乗り味にもう少し深みがあればというところではある。それも含めて、全体に優等生的によく出来ているけれど、思わず引き込まれるような独自の価値みたいなものは薄めという辺りが、今ひとつ伸び悩む理由だろうか？

▶キックス

●4290mm×1760mm×1605mm/2620mm/1360〜1480kg●1198cc, 直3DOHC, 82PS/6000rpm, 10.5kgm/4800rpm, フロントモーター:交流同期電動機, 100kW(136PS)/3410-9697rpm, 28.6kgm/0-3410rpm(リアモーター:交流同期電動機, 50kW(68PS)/4775-10259rpm, 10.2kgm/0-4775rpm) ●固定ギア比●FF/4WD●299.9万〜348.2万円

WR－V …… ホンダ

インドから来る、使い勝手よさそうな新SUV

ホンダは12月に新しいＳＵＶのＷＲ－Ｖを発表。２０２４年春に発売する。ちょっと前まで、ほぼヴェゼルの一本足打法だったというのに、いきなりのラインナップ拡充である。

実際、ここ数年で大きく成長しているＳＵＶ市場の中でも、２０１９年以降は価格２５０万円以下のスモール、コンパクトクラスの販売が急上昇しているのだという。ＷＲ－Ｖは、まさにここを狙っての最短での商品投入でシェア拡大を狙うとホンダは意気込む。自ら開拓するのではなく、拡がりつつある市場に最短で対応したという話ではあるが、商機をみすみす逃していたこれまでのホンダと較べたら、ずいぶん積極的になったことは間違いない。

その最短での商品投入をどのように実現したのかと言えば、実はこのＷＲ－Ｖはインド生産であり、彼の地で先日発売されたばかりのエレベイトをベースにしている。適したクルマがあるならば、世界のどこからでも持ってくればいい。この辺りの勢いも、ホンダ変わったなと思わせるところだ。

興味深いのはそのパッケージングである。全長４３２５㎜×全幅１７９０㎜×全高１６５０㎜というサイズは、ヴェゼルに対して全長はたった５㎜短いだけで全幅は一緒。全高はむしろ70㎜高く、ホイールベースも40㎜長い。

しかしながらデザインはまったくの別物で、ＷＲ－Ｖはボンネットフードがノーズ先端までまっすぐ伸ばされていて、キャビンも各ピラーが立てられている。ボディは分厚くオーバーハングは短く、全体により力強い印象だ。

要するにスタイリッシュな仕立てのヴェゼルとは別方向の、最近の流行りである機能性を強くアピールする方向、タフな雰囲気に仕立てられているのである。どっちが上か下かは分かりにくいが、ともあれターゲットがまったく違うデザインであることは明らかと言えるだろう。

グレードはＸ、Ｚ、Ｚ＋があって、最上級のＺ＋にはルーフレールガーニッシュなる装備が備わるが、これはあくまでガーニッシュ（装飾）。ルーフレールとして積載に活用することはできないという。これまたスパッと割り切られている。

内装もすっきり洒落た感じのヴェゼルと較べると、より機能性重視という感じ。上級のＺ／Ｚ＋には本革巻のステアリングホイールやセレクターレバー、合皮張りのドアライニングなどが使われるが、樹脂は基本的にハード素材とされる。７インチＴＦＴメーターこそ使われているが、全体的にはシンプルだ。

実際、燃料タンクはセンターではなく通常の後席下であり、後席はダイブダウンなどせず背もたれの前倒しができるだけだったりと、作りも簡素ではある。とは言え、その分リアシートの座面は肉厚があり、乗り味までチープということはなさそう。荷室も、実はスクエアなボディ形状の恩恵でヴェゼルよりもむしろ大きく、使い勝手は良さそうだ。

パワートレインも、用意されるのは１・５Ｌガソリンエンジンの前輪駆動だけ。ハイブリッドも４ＷＤも無い。さすがにハイブリッドは欲しい気はするが、インドではあまり需要がなさそうだし、価格を抑えるにはこういう選択ということだろう。ホンダによれば、２５０万円以下の市場においては販売の７割がガソリン車ということで、十分商機ありと踏んだようである。

これを書いている時点ではまだ正式な価格、装備などは明らかにされていないが、最上級のＺ＋はヴェゼルの１・５Ｌエンジン車であるＧ、２３９万９１００円をやや上回るということで、おそらく２５０万円の大台も切ってくるのだろう。他のグレードについては、それ以下の価格になる。パワートレインの差も含め、こうなるとあまり食い合うことはないのかもしれない。

要するに敵はトヨタ・ヤリスクロスということだろうか。意欲的に登場した、まったく異なるキャラクターを持つＷＲ－Ｖが、市場でどんな存在感を放つことになるのかは、興味深いところである。

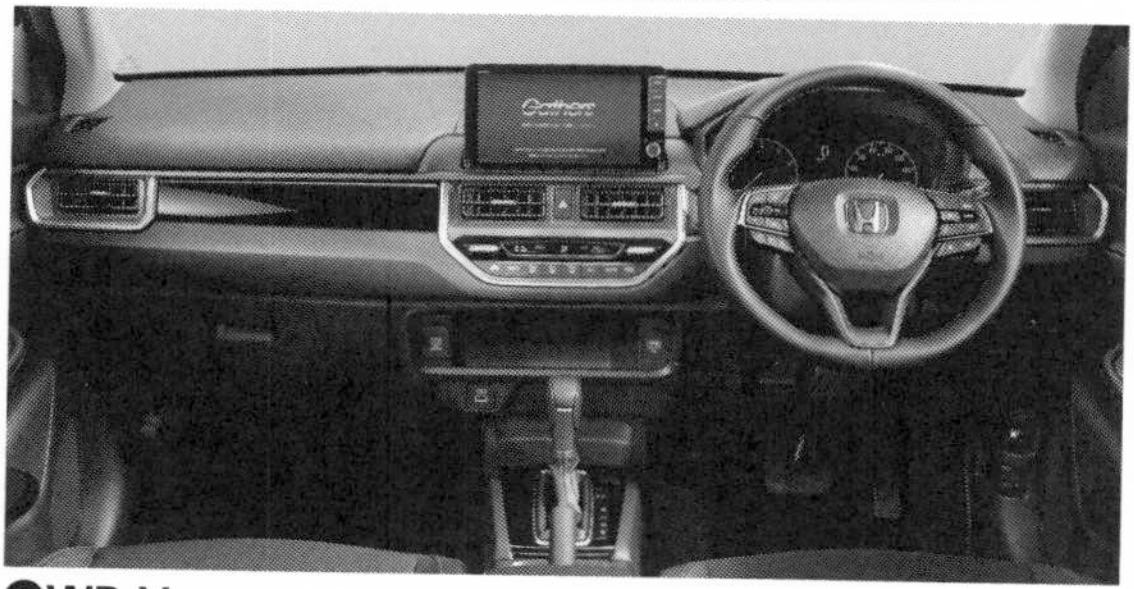

▶WR-V

●4325mm×1790mm×1650mm/1650mm/1210〜1230kg●1496cc, --, 118PS/6600rpm, 14.5kgm/4300rpm●CVT●FF●--万円
※スペック詳細未公表

ヴェゼル

人気も納得の広さと開放感。乗り味も上々

ホンダ

大ヒットとなった初代とはまったく違った趣のデザインが、発表の際には議論を呼んだものだが、結果として2代目のヴェゼルも変わらない人気の1台となった。その先代から一転、スッキリとしたフォルム、シンプルなフロントマスクなど、醸し出されるのはクリーンな印象。ギラついたデザインのクルマばかりの中で、こうしたテイストが受け入れられていることには、ホッとしたような気持ちになる。

正直に言うと、16インチタイヤを装着したモデルなどは、足元が貧弱に見えてしまう感がなきにしもあらずではある。ホイールのデザインのせいかもしれないが、ちょっともったいない。

まあ、そんなことは室内の広さと開放感の前では些細な話だ。ホンダのお家芸であるセンタータンクレイアウトの威力は、やはり大きい。特に後席足元のスペースは先代より更に広くなっていて、サイズを超えた余裕がある。登場時にはまだZR－Vは存在しておらず、ミドルクラス市場までヴェゼル1台でカバーしていたからこその、この広さである。

この基本骨格は先代から継承しているが、ボディ剛性は高く、サスペンションもフリクションの低減によりよく動く。乗り味は上々だ。

ラインナップは1・5Lガソリンエンジン車が1グレードある以外は、すべてe：HEV。日常域はほぼ電気モーターで走行する2モーターシステムは走りの質が高い。

4WDは後輪が電気モーター駆動ではなく、言わば昔ながらのプロペラシャフト式であることを強くアピールしている。実際、後輪に積極的に駆動力をかけて、アンダーステア知らずで気持ち良く曲がる様は快感だし、コントロールの幅があるから安心感、安全性も高い。侮れない走りっぷりなのである。

そんな現行型ヴェゼルも登場から3年。そろそろ改良が入る時期かもしれないが、このクリーンなルックスはキープしてくれることを望みたい。

▶ヴェゼル

●4330mm×1790mm×1580（1590）mm/2610mm/1250〜1450kg●①1496cc，直4DOHC，106PS/6000-6400rpm，13.0kgm/4500-5000rpm，モーター:交流同期電動機，96kW（131PS）/4000-8000rpm，25.8kgm/0-3500rpm②1496cc，直4DOHC，118PS/6600rpm，14.5kgm/4300rpm●CVT●FF/4WD●239.9万〜341.9万円

クロストレック　スバル

目を瞠るほど乗り味向上。FF車も◎

スバルＸＶがフルモデルチェンジを機に車名を一新。新たにクロストレックを名乗ることになった。実はすでに海外では使われていた車名への統一で、クロスオーバーとトレッキングを掛け合わせた造語だという。従来のアルファベット２文字よりも親しみやすいことは間違いない。

その外観は、前後バンパーや追加されたフェンダーアーチモールなどの樹脂パーツの面積の大きさ、ヘキサゴンのモチーフや、かしめたような造形などが、力強く頼もしい雰囲気を醸し出している。従来あった道具感というよりはファッショナブルな印象ではあるのだが、近頃はアウトドアファッションがどんどんオシャレになってきていて、それを街中で楽しむのもポピュラー。そんな方向だと見れば、なるほど今っぽい感じとも言える。開発責任者曰く、見た目はとにかく楽しげな印象にしたかったのだということで、なるほど納得である。

車体には最新世代のＳＧＰ（スバル・グローバル・プラットフォーム）を使い、パワートレインは水平対向４気筒２・０Ｌエンジンに小さな電気モーターを内蔵したＣＶＴを組み合わせたｅ－ＢＯＸＥＲと聞いた時には、正直、ああマイナーチェンジくらいな感じか、と思った。ところが実際には目を瞠るほど上質な乗り味に仕上がっていて、大いに驚かされた。

詳しく訊けば、車体はボディ剛性を大幅に高めたフルインナーフレーム構造を使っていて、これがサスペンションの能力をしっかりと引き出している。パワートレインも、やはり各部の剛性アップを行ない振動を低減。地味な変更ではあるが、これだけで何だかトルクの立ち上がり方まで変わったかのように感じられるのだから成果は大きい。

話はそれだけには留まらない。シートは新設計とされ、乗員の骨盤を立てて身体が揺さぶられるのを抑えているだけでなく、シートレールをブラケットを介さずボディに直接固定とすることで、剛性向上

▶クロストレック

●4480mm×1800mm×1575mm/2670mm/1540～1610kg●1995cc, 水平対向4DOHC, 145PS/6000rpm, 19.2kgm/4000rpm, モーター:交流同期電動機, 10kW(13.6PS), 6.6kgm●CVT ●FF/4WD●266.2万～328.9万円

も果たしている。電動パワーステアリングは手応えの良い新しいサプライヤーのものを使い、ブレーキブースターは正確な作動を実現する電動に。更には、ルーフパネルとフレームを接合するシーリングに高減衰マスチックを使い、車内で音がこもったり響いたりしない、スッキリとした音環境を作り出しているといった具合で、いやはやきめ細かく作り込まれていて、それぞれが走りの質を引き上げているのだ。

　基本的なテイストは同じ方向なのだが、すべてが洗練されている。速いとか刺激的だというのとは違うが、とても気持ちのいい走りである。いいモノに触れている歓びもあるから、長く飽きずに付き合えそう。時代的にはもっと電気モーターの受け持つ領域を広げるなどしたいところではあり、燃費だってもう少しとは思うが、クルマとしての芯というか、そういうものが感じられて、嬉しくなるのである。

　従来のＸＶが４ＷＤのみの設定だったのに対して、クロストレックは前輪駆動モデルも取り揃える。都市部ならこれでいいでしょというわけで、なるほど車重が50kg軽くなることもあり走りは軽快。それでも地上高には余裕が持たされているから、まさにトレッキング感覚の、気軽なアウトドアには十分に対応する。初期受注では3割ほどがこちらを選んだというから、販売戦略は見事にハマったと言えそうだ。

　アップデートされたインフォテインメントシステムには、新たに「ｗｈａｔ３ｗｏｒｄｓ」による目的地入力機能が備わっている。これは世界を3メートル四方ずつに区切り、各区画に固有の3単語を割り当てることで、施設のどの入口でも、あるいはキャンプ場の一区画でも、正確な場所の設定、共有、伝達が行なえるというもの。アウトドアでの待ち合わせなどに最適だと考えると、これまた楽しそうな感じに繋がっている。

　日常をアクティブな雰囲気に演出してくれる存在感は独自のもの。しかも中身はスバルらしくカッチリ作り込まれているから、こういうクルマと一緒ならば週末のちょっとしたお出掛けも、楽しいものになりそうだ。

カローラクロス……………………トヨタ

非の打ち所ナシ。価格上昇も納得の大幅改良

登場した時に聞こえた、何でカローラにクロスオーバーＳＵＶなのかという声、もはやかき消されたと言っていいだろう。世のクルマの中心は今やこのクロスオーバーやＳＵＶと呼ばれるカテゴリーである。幸せの量産という言葉を使うトヨタの中心車種として、ここに居るのはむしろ当然なのだ。

しかもこのカローラクロス、1台のクルマとしての仕上がりも非の打ち所が無い。高いルーフが後方まで真っすぐ伸び、サイドウインドウもすくっと立てられた外観デザインに表れている通り、空間設計はとても真面目なもので、前席はもちろん後席も、大人3名で乗るような場面ですら十分と感じさせる。カローラシリーズの中でも、一番の居住性である。

荷室も容量が大きいだけでなく、スクエアで使い勝手がいい。ゴルフバッグ4個が収まる広さといっても、そういう使い方をする人は少ないだろうが、クロスオーバーＳＵＶらしくアウトドアギアなどを積み込むのに、これで不足することは無いはずだ。

その代わり全幅は１８２５㎜と広いが、実際に乗って取り回しに難儀することはない。視界は広く、小回りも効く。

２０２３年秋に商品改良が行なわれ、パワートレインはガソリンエンジン車が１・８Ｌから２・０Ｌになり、ハイブリッドもシステムを刷新。これらはまだ試していないが、コーナーの連続でも安心して走らせることができる、しなやかに路面を捉え続けるサスペンションの出来は秀逸で、ちょっと昔の欧州製ハッチバックのような使い倒して楽しい感じを味わわせてくれるのが、このクルマである。

安全装備も進化して、フル液晶のメーターパネルなども採用されている。価格は少し上がってしまったが、それでもまだリーズナブル。若いユーザーはこういうクルマでどんどんクルマを楽しめばいいと思う。訂正。やはり年齢性別問わずである。それこそがカローラという名の付くクルマなのだ。

▶カローラクロス

●4490mm×1825mm×1620mm/2640mm/1360〜1490kg●①1797cc，直4DOHC，98PS/5200rpm，14.5kgm/3600rpm，フロントモーター:交流同期電動機，70kW（95PS），18.9kgm（リアモーター:交流誘導電動機，30kW（41PS），8.6kgm）②1986cc，直4DOHC，170PS/6600rpm，20.6kgm/4900rpm●CVT●FF/4WD●218.4万〜345.9万円

ＵＸ……レクサス

ＢＥＶ版の航続距離４割増。選ぶならコレ

エンジン車であるＵＸ２００、ハイブリッド車のＵＸ２５０ｈに続いて、２０２３年3月にＢＥＶ版のＵＸ３００ｅが一部改良を受けた。インフォテインメントなどの変更点は共通だが、走りに関する部分については、かなりの大幅アップデートとなった。

新開発バッテリーの採用で、その容量は54・４kWｈから72・８kWｈに増やされ、航続距離は３６７kmから５１２kmに４割アップとなった。実際、試乗した際には満充電、エアコンオンで航続可能距離４５５kmとなっていたから、安心感はグンと高まった。

ＲＺのそれをも上回る容量を得ながらも、パッケージングには一切影響は及ぼされていない。室内、荷室の空間は何も変わらず。車重が20kg増えているだけだ。ボディは他グレードと同様に補強が入り、サスペンションやブレーキの設定も変更された。

走りの違いを実感するのは、まずは乗り心地。ボディの剛性アップも効いていて、全体によりしなやかになった。従来からの美点であるアクセル操作に対してリニアに反応する加速感は変わらず継承されている。一方、一番大きな違いは減速時のフィーリングである。今ひとつのタッチ、特に停止寸前のオーバーサーボ感が解消されて、自然な感覚で停止できるようになった。従来は、停まるたびに引っかかる感じもあったから、これは朗報だ。

一方、バッテリーが満充電に近い状態で、回生ブレーキ制限中と表示されて、アクセルオフしても減速感が立ち上がらないのは不満である。油圧ブレーキを使ってでも、同じような操作に対しては、同じような減速力を立ち上げるべきではないだろうか。

そんな不満もあるが、ＵＸシリーズでもっとも完成されているのは、やはりこのＵＸ３００ｅである。環境が許すならば、選ぶべきはコレと言いたい。一方、ＵＸ２００は販売終了となった。ＬＢＸ発売の影響だろうが、ちょっと寂しい。いやしかし、ＵＸはまだまだ進化していくはずである。

▶UX

●4495mm×1840mm×1540mm/2640mm/1470～1820kg●①1986cc, 直4DOHC, 146PS/6000rpm, 19.2kgm/4400rpm, フロントモーター:交流同期電動機, 80kW(109PS), 20.6kgm(リアモーター:交流誘導電動機, 5kW(7PS), 5.6kgm)②1986cc, 直4DOHC, 174PS/6600rpm, 21.3kgm/4000-5200rpm③モーター:交流同期電動機, 150kW(203PS), 30.5kgm, 電池容量:72.8kWh, 航続距離:512km●CVT/固定ギア比●FF/4WD●400.3万～685万円

ZR-V ……… ホンダ

艶っぽくても根はマジメ。走りも使い勝手も◎

　本来の予定よりも半年近く遅れて、２０２３年春に発売されたホンダＺＲ－Ｖは、すでに販売を終了したＣＲ－Ｖの不振から、ホンダのＳＵＶラインナップとして孤軍奮闘していたヴェゼルにようやく出来た頼れる兄貴分のはずだった。しかしながら半導体供給問題で一部の装備が選択できない状況が続くなどの影響で、販売はそこそこといったところ。まだ街で頻繁に見かけるという感じにはなっていない。デザインがセールスポイントだと謳うクルマだけに、ホンダとしてはもどかしい気持ちかもしれない。

　オーバーハングが長く、ルーフの低いフォルムは、艶めかしい曲面の多用もあり、いわゆる道具っぽさとは真逆の雰囲気を醸し出している。正直、最初はあまりピンと来なかったのだが、特に濃色系のボディ色だと、微妙な陰影が際立ってスペシャルティカーっぽさが出てくる。今どきのＳＵＶ市場のトレンドに対しては逆張りと見えるが、実際にはトヨタ・ハリアーは売れまくっているし、何よりこの方がホンダらしいという考えだろう。何しろルーフレールはオプションですら用意されないのだから思い切りが良い。

　インテリアはソフトパッドが多用され、エアベントを横一文字のパンチングメタルを使ったメッシュに内蔵するなど、やはり良く作り込まれている。しかも上級グレードは、室内色がマルーンに。さらにガラスパールをちりばめた内装表皮が使われていて、何というのか夜っぽい雰囲気なのだ。あまり好評ではないのか、ブラックスタイルなる特別仕様車の導入が予告されているが、そういう、いかにも営業部門が言いそうなことにそのまま追従するような、つまらないことはしなさんなと言いたい。

　夜っぽいと書いたが、視界は広々しているし後席だって広い。荷室も余裕十分。この荷室トリムやドアパネルの下回りには傷が目立ちにくいという波打った形状のデジタル造形デザインが使われていたりもする。根はマジメなのである。

走りも、しっかり作り込まれている。パワートレインは2モーターハイブリッドのe：HEVと、1・5Lターボエンジンで、それぞれにFFとAWDが用意されており、複数の機会に、全部の組み合わせを試すことができた。

まず乗ったのはワインディングロードのようなクローズドコースだったのだが、余裕あるストロークをしっかりとした減衰力で抑えるサスペンションがタイヤを路面から離さず、実に安心して走ることができるのに舌を巻いた。ざっくり言えばフロントがシビック、リアがCR－Vと多くの共通点を持つ車体も良いのだろう。構造用接着剤を部位によって硬軟使い分けることにより、単に高剛性なだけではない強くてしなやかなボディを作り上げた成果は、粘っこい接地感に反映されている。

特にAWDモデルは、後輪に積極的にトルクを寄せる制御によって、FFベースとは思えないアクセルで曲げていくような走りを楽しめる。雪道で試した時など本当に走りが気持ち良く、これは雪山に遊びに行く道中も笑いが止まらないだろうなと思った。

パワートレインはどちらでも好きな方をと言いたいところだが、雪道など厳しい状況下では、やはりハイブリッドのきめ細やかな駆動力制御の旨味が光る。おかげでFFでも雪道、十分によく走ることができるということは付記しておく。

それにしても、これだけ雪道を良く走るのを経験してしまうと、ルーフレールやっぱり用意した方がいいんじゃない？　と思う。敢えてスタイリッシュなSUVでタフな場所に赴くのは、とてもカッコ良いし、実は昨今のトレンドとなりつつもある。都会派というだけがカッコ良いことの基準ではない。ホンダらしさのアップデート、してもいい。

工場出荷時期はガソリン車で半年程度、e：HEVでは10ヵ月程度が目処ということで、依然として結構待たされてしまうことは事実ながら、それだけの価値はあるはず。もうちょっと、見掛ける機会が増えてくることを期待したい。

▶ZR-V

●4570mm×1840mm×1620mm/2655mm/1460～1630kg●①1993cc，直4DOHC，141PS/6000rpm，18.6kgm/4500rpm，モーター:交流同期電動機，135kW（184PS）/5000-6000rpm，32.1kgm/0-2000rpm②1496cc，直4DOHCターボ，178PS/6000rpm，24.5kgm/1700-4500rpm●CVT●FF/4WD●304.9万～422万円

ＲＡＶ４ トヨタ

大人気！　今後のラインナップ展開にも期待

まさか日本でも世界でも、これほど売れるクルマになるとは思わなかった。実際のところ先代も、グローバルではすでに大ヒット車だったわけだが、現行モデルは今や世界で年に１００万台以上を売る驚異的な存在である。

そして、ここ日本。思えば先代は販売不振のため導入自体が見送られていたのがＲＡＶ４である。それがまさかの復活となり、そしてここまでブレイクすることになるとは、正直言って想像できなかった。もちろんクルマの出来もいいのだが、それに自信を持って国内導入を決めた人も素晴らしい仕事をしたと言うべきだろう。

そんなＲＡＶ４、これまで細かな改良で進化を続けている。ラインナップの展開も、ゴツくて道具感があって、それをラギッド感などとも呼ぶわけだが、そんな存在感を活かしたモデルとして従来はガソリン車のみに用意されていたアドベンチャー・グレードがハイブリッド車にも設定されたり、更にタフな雰囲気を醸し出すアドベンチャー〝オフロードパッケージⅡ〟が登場したりと、とても充実しているのだ。

そうかと思えば、実はヨーロッパ市場ではＲＡＶ４にＧＲスポーツも設定されている。内外装の変更のほか、オンロード指向のサスペンションを装備したコレはハイブリッドとＰＨＥＶから選ぶことができる。まあ特にＰＨＥＶは、思わず仰け反るほどの凄まじい動力性能の持ち主だから、ＧＲスポーツでようやくシャシーが釣り合うと言ってもいいのかもしれない。

とは言え個人的には、やはり昨年版にも書いたようにオフロードギア感たっぷりに仕立てたアドベンチャー〝オフロードパッケージⅡ〟にこそＰＨＥＶ版が欲しい。アウトドアを楽しむ時こそ、静かで滑らかな走りも、給電機能も、思い切り活かすことができるはずだからだ。

▶RAV4

●4600(4610)mm×1855(1865)mm×1685(1690,1695)mm/2690mm/1500～1920kg●①2487cc, 直4DOHC, 177PS/6000rpm, 22.3kgm/3600rpm, フロントモーター:交流同期電動機, 134kW(182PS), 27.5kgm, リアモーター:交流同期電動機, 40kW(54PS), 12.3kgm, 電池容量:18.1kWh, EVモード航続距離:95km②2487cc, 直4DOHC, 178PS/5700rpm, 22.5kgm/3600-5200rpm, フロントモーター:交流同期電動機, 88kW(120PS), 20.6kgm(リアモーター:交流同期電動機, 40kW(54PS), 12.3kgm)③1986cc, 直4DOHC, 171PS/6600rpm, 21.1kgm/4800rpm●CVT●FF/4WD●293.8万～563.3万円

フォレスター……スバル

お得な特別仕様車登場。新型導入はいつか？

２０２３年11月に開催されたＬＡオートショーで新型フォレスターが発表された。フルインナーフレーム構造のボディや最新のアイサイトの採用などはある程度想像の通りだったが、骨太になったスタイリングはカッコ良いし、ＡＷＤの制御刷新など走りの進化も気になる。米国では２０２４年春以降の導入というから日本はもっと先だろうか。

現行モデルについては、ジャパンモビリティショーで特別仕様車がお披露目された。その名もＸ－ＥＤＩＴＩＯＮは、充実装備ながら価格を抑えて「アウトドアにチャレンジするお客様の気持ちを後押しします」と謳っている。

実際には、見た目重視の18インチサマータイヤを履いていたり、挿し色無しのブラック基調のコーディネートとするなどして、アウトドアというよりは都会派スタイリッシュ仕様と言った方が正しそう。しかしながら価格は確かにリーズナブル感はある。

最近ではこのセグメントも、コミコミ４００万円が当たり前になってきている現状を考えれば、これはアリだろう。シンメトリカルＡＷＤ、２２０㎜もの最低地上高の確保など中身は本格派、実直な１台だけに、乗ればきっと満足度は高い。

昨年版では間に合わなかったＳＴＩ Ｓｐｏｒｔも試した。専用の内外装、ナッパレザー張りのシートなどを採用するだけでなく、18インチのオールシーズンタイヤにＳＴＩチューニングのサスペンションを組み合わせたこのモデル、走りの上質感が高まっている。しっとり、しなやかな感覚が強まっていて、且つロールを抑えた躾けは見事だ。

但し、ＳＴＩ Ｓｐｏｒｔを名乗るなら、もう少し特別感があってもいい。乗れば良さが伝わるというだけでなく、インチアップしているのに走りは更にいい、例えるならＢＭＷアルピナのような存在感、どうだろうか？　価格は多少上がるだろうが、ＳＴＩの名はそういうものでいいと思う。

▶フォレスター

●4640mm×1815mm×1715(1730)mm/2670mm/1570～1640kg●①1995cc, 水平対向4DOHC, 145PS/6000rpm, 19.2kgm/4000rpm, モーター:交流同期電動機, 10kW(13.6PS), 6.6kgm②1795cc, 水平対向4DOHCターボ, 177PS/5200-5600rpm, 30.6kgm/1600-3600rpm●CVT●4WD●306.9万～374万円

▶新型フォレスター

●--mm×--mm×--mm/--mm/--kg●2.5L, 水平対抗4, 182PS/--rpm, 24.6kgm/--rpm●--●4WD●--万円
※スペック詳細未公表

CX－5 ……… マツダ
またも改良・新グレード投入。根強い人気

２０２１年の末に行なわれた商品改良以降、CX－5の販売はブラックトーンエディションやスポーツアピアランスといったスポーツ系グレードが牽引してきたという。実際に販売の半数以上がこの２モデルだったということで、マツダは２０２３年９月発表の一部改良でグレード体系を見直してきた。

新たに投入されたのはレトロスポーツエディション。マツダの多くの車種に同時に投入されたこのモデルは、ジルコンサンドメタリックのボディ色をイメージに、ブラックで引き締めたものである。元々はアウトドア風味ということで設定された色だが、ロードスターに組み合わせたら案外カフェレーサー風になって良かったということから展開されることになったという。

同時に既存グレードも小変更を受けたのだが、ちょっとなあ……と思ったのは、前回採用した遊びの要素、たとえばスポーツアピアランスのグリルに付けられていた、初代ロードスターを想起させる赤の挿し色、フィールドジャーニーのインテリアのネオングリーンなどが廃されたことだ。特に後者などは、万人受けするものでは無かったには違いなく、またスポーツ系が売れているということは、思ったほど受けなかったんだろうなとも想像できるのだが、そんなに簡単に引っ込めるのは、購入したユーザーのことを考えても、好ましいこととは言えないだろう。

一方で、従来よく選ばれていた装備の多くが標準化されたことは評価したい。値上げが避けられず、それならせめてということだろうが、こういうクルマは選ぶのが煩雑すぎない方がいいだろう。

CX－60の投入後も、CX－5の人気はまったく衰える気配はない。つまりCX－60の分は販売純増ということで、それはそれで良い話なのだが、これだけCX－5がブランド化してしまうと、今後も継続させるのか新型を作るのか、マツダとしては引き続き、悩ましいところに違いない。

▶CX-5

●4575mm×1845mm×1690mm/2700mm/1540～1690kg●①1997cc, 直4DOHC, 156PS/6000rpm, 20.3kgm/4000rpm②2488cc, 直4DOHC, 188(190)PS/6000rpm, 25.5(25.7)kgm/4000rpm③2188cc, 直4DOHCディーゼルターボ, 200PS/4000rpm, 45.9kgm/2000rpm●6AT●FF/4WD●291万～422.5万円

ＮＸ　レクサス

供給不足なのに改良。走りの方向性には疑問も

２０２３年３月にレクサスＮＸが一部改良を行なうと聞いた時には思わず、もう一度聞き直してしまった。オーダー殺到でまだ行き届いていないお客さんが列をなしているというのに何で今？　と思ったわけだが、スケジュール通りにやらなければ、色々差し障りもあるのだろう。

しかも変更の内容が結構大きくて、また驚いた。フロント、リアのボディ剛性向上、空力バランス調整、サスペンションのスプリング、ダンパー、ＥＰＳのチューニングを図ったほか、ＮＸ３５０はパワートレインの制御も変更している。先進安全装備、運転支援装備も最新版にアップデートされた。

インテリアの配色の刷新は良い感じだ。ちょっと平板に見えた内装が、これだけで華やかさを増していると言っていい。

もっとも大きな改良が入ったＮＸ３５０Ｆスポーツを改めて試した。最高出力２７９PSの２・４Ｌターボエンジンを積むスポーティ版だが、当初の印象は、とても良く曲がるけれど乗り心地がかなり硬く、やり過ぎ感が否めないというものだった。

それがどう変わったかと言えば、確かに乗り心地は前よりは良さそうだが、依然としてスプリングレートはいかにも高そうで、ドライブモードを〝ＳＰＯＲＴ Ｓ＋〟にして初めて釣り合う感じ。しっとり感は、あまり無い。４００PSくらい出ているなら、このぐらい締め上げてもいいかもしれないが……。

ドライブトレーンはダイレクトな感触で、アクセルオンの際の反応が高まっている。一方、アクセルオフ時にも締結感が強く残り、大きな減速Ｇが出てしまいがちなのは気になった。同乗者の首を揺らさずに走らせるのが、難しいのだ。

走り自慢のＮＸの中でもスポーティな設《しつら》えのグレードとは言え、なぜここまでしっとり感、奥深さといったレクサスらしい走りから距離を置くのだろう？　ユーザーの期待はそこじゃないと思うのだが。

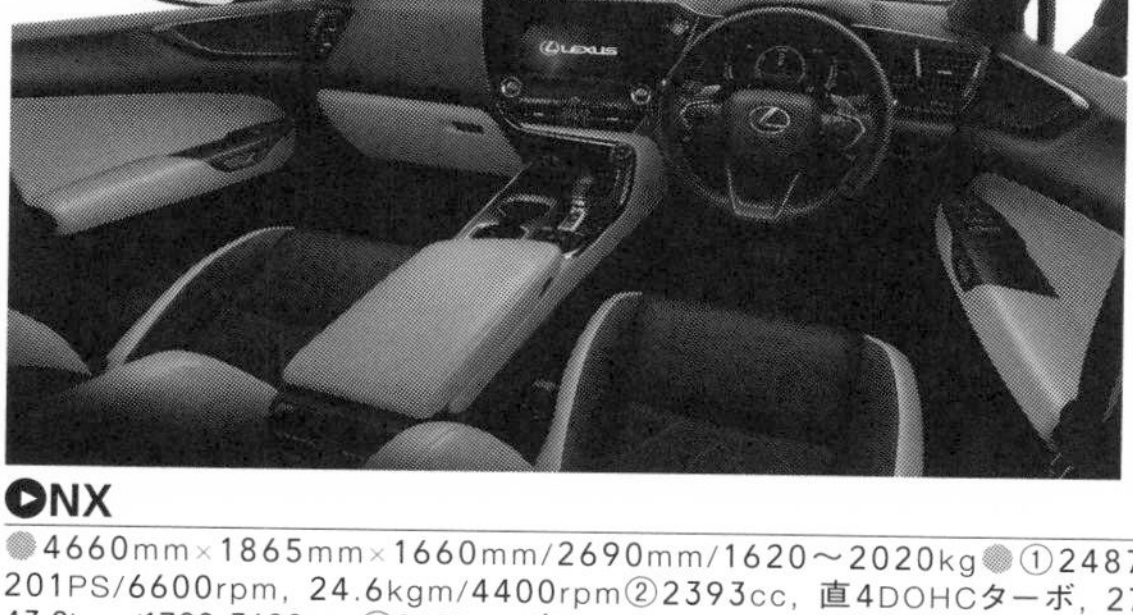

▶NX

●4660mm×1865mm×1660mm/2690mm/1620～2020kg●①2487cc, 直4DOHC, 201PS/6600rpm, 24.6kgm/4400rpm②2393cc, 直4DOHCターボ, 279PS/6000rpm, 43.8kgm/1700-3600rpm③2487cc, 直4DOHC, 190PS/6000rpm, 24.8kgm/4300-4500rpm, フロントモーター:交流同期電動機, 134kW(182PS), 27.5kgm(リアモーター:交流同期電動機, 40kW(54PS), 12.3kgm)④2487cc, 直4DOHC, 185PS/6000rpm, 23.2kgm/3600-3700rpm, フロントモーター:交流同期電動機, 134kW(182PS), 27.5kgm, リアモーター:交流同期電動機, 40kW(54PS), 12.3kgm, 電池容量:18.1kWh, EVモード航続距離:88km●8AT/CVT●FF/4WD●455万～753.5万円

エクストレイル

モノはいいのだが、立派過ぎないか？……日産

２０２２年に、実に9年ぶりのフルモデルチェンジを行なったエクストレイルは、初代や2代目にも近い比較的スクエアなフォルムに、上質感を狙った意匠をまとわせたデザインで登場した。よくあるＳＵＶのひとつとなってしまった先代から少し揺り戻した印象だが、実際に街中で出会うことが多くなると、ちょっと繊細かなという気がしている。もう少しタフな感じ、道具感があってもいい。

国内ＳＵＶ市場の中心価格帯に合わせるべく、内外装を上質な仕立てとして、価格を従来よりも上にスライドさせたかったという背景もあるのだろう。実際、内装の作り込みなどは最近の日産車らしく非常にハイレベルである。

走りっぷりも、やはり上質という言葉が相応しい。贅沢にも世界で初めて量産に成功した可変圧縮比のＶＣターボエンジンを発電機としたｅ－ＰＯＷＥＲが実現した走りはとても強力。高速域、高負荷域でもパワーの頭打ち感が無く、しかも電気モーター駆動だけに滑らかさが秀でている。

更に、４ＷＤ車には前後の電気モーターの出力と左右のブレーキを統合制御して駆動力を常に最適に配分するｅ－４ＯＲＣＥ（イー・フォース）が採用されている。乗り心地がやや硬めで、操舵力も軽過ぎる感こそあるものの、素直に向きが変わり、しかも安定感の非常に高いフットワークは、走らせていて満足感が高い。

こんな風に見た目も中身も格段に質を高めているだけに、価格は決して高いとは言えないのだが、昨年も書いたようにちょっと立派過ぎる感はやはりつきまとう。あるいは、そこまで豪華じゃなくていいから、お値段控えめで、且つオフロードテイストというか道具っぽい雰囲気を濃いめにしたグレードがあってもいいだろう。9年ぶりに買い替えるユーザーばかりでなく、若い新しいユーザーにだって乗ってほしいじゃないかということで。

▶エクストレイル

●4660mm×1840mm×1720mm/2705mm/1740～1880kg●1497cc，直3DOHCターボ，144PS/4400-5000rpm，25.5kgm/2400-4000rpm，フロントモーター:交流同期電動機，150kW（204PS）/4739-5623（4501-7422）rpm，33.7kgm/0-3505rpm（リアモーター:交流同期電動機，100kW（136PS）/4897-9504rpm，19.9kgm/0-4897rpm）●CVT●FF/4WD●351万～474.9万円

ＣＲ－Ｖ ……… ホンダ

２０２４年、ＦＣＥＶ専用車として新型導入予定

　またも日本ではラインナップから落ちてしまったＣＲ－Ｖだが、これで終わりではないようだ。２０２４年には新型が、何と燃料電池自動車（ＦＣＥＶ）専用車として再上陸する。アメリカ生産のこのクルマは、プラグインハイブリッドとの組み合わせで充電して走らせることも可能なのが特徴だ。

　もっとも、ＧＭとタッグを組んで進められているホンダの燃料電池戦略は、どちらかと言うと定置式ディーゼルエンジンの置き換えなどが見据えられているようで、クルマに本腰を入れてという感じが今ひとつ感じられない。このクルマも単に用意するだけでなく、何らかの意味づけをきちんとしてほしい。

　私はＦＣＥＶ推し。荷室への高圧水素タンクの張り出しはやや気になるが、それでもセダンにはないユーティリティ性を備えるＳＵＶだけに、ゼヒ乗りたいくらいの１台なのだが。

▶新型 CR-V
●4694mm×1867mm×1681mm/2700mm/--kg●燃料電池ユニット、モーター出力などの詳細は不明●--●--●--万円
※写真と外寸は米国版のもの

CX-60

現状では、推せるグレードは2つに限られる

マツダ

いよいよ登場したマツダの〝ラージアーキテクチャー〟採用モデル。その第一弾、CX-60は登場後も多くの話題を提供する存在となっている。いや、物議を醸していると言ってもいいかもしれない。

エンジン縦置きのFRをベースとするそのアーキテクチャーは、直列6気筒エンジン、48Vマイルドハイブリッド（MHEV）、プラグインハイブリッド（PHEV）など様々なパワートレインを搭載可能とする。8月の価格改定で、300万円を切るモデルは無くなってしまったが、それでも価格帯はワイドで、幅広い層にアピールする存在となっている。

最初に直列6気筒3・3Lディーゼルエンジン+MHEVのモデルが世に出て以降、半年ほどの間にほとんどのパワートレインを試すことができた。これが色々な意味で悩ましい選択となりそうということで、それぞれじっくり紹介していくことにしよう。

何と言ってもストレートシックスに魅入られてしまうのが、直列6気筒3・3Lディーゼルエンジン+MHEVのe-スカイアクティブDだ。低速域では電気モーターが効果的なアシストを行ない、一方で回転が高まるほどにスムーズになっていく爽快な伸び感は、他には代えがたい価値がある。

トルクコンバーターレスの8速ATは小気味よい変速感の一方で、低速域では繋がりがラフに感じられることもある。個人的にはそんなものかなと思っているが、気になる人も居るに違いない。

物議を醸しているのはシャシーである。新開発のそれは、ピッチングの中心軸を車両のはるか後方に置くことで前後動の少ないフラットな挙動を実現すると謳われ、実際に速度が上がってくると目線のブレの少なさを実感できる。またリアのマルチリンク式サスペンションに、まるでリジッドのように余計なトーコントロールなどをさせない設計のおかげで、コーナリングも軸がビシッと定まった一体感がある。

問題は、速度域を問わずストロークを拒むような

硬さが感じられること。更に、ピッチングは小さいが車体全体が上下に煽られるため目線がどうにも落ち着かない。横揺れをクルマの側で抑え、縦揺れは骨盤を立てて座らせるシートなどによって人間が持つバランス能力を引き出し対処するという考えは理想的ではあるが、実世界の道はそんなに平滑ではないというところか。単にソフトにすれば解決する様子ではないのが悩ましい。せめて電子制御ダンパーでもあればいいのだが。

直列４気筒２・５Ｌエンジンと電気モーターを組み合わせたＰＨＥＶは、満充電では最大75㎞のモーター走行が可能で、ハイブリッド走行の際にはエンジンと電気モーターの組み合わせによりパワフルな走りを楽しめる。実際、それに間違いはないのだが、冬場の試乗では引っかかる部分もあった。

雪山のホテルの駐車場に停めて普通充電器に繋いでおいた翌日、早朝故にＥＶモードで出発しようとしたのに、パワーオンにしたらすぐにエンジンが始動してしまったのだ。訊けば、気温が低いところでの効率性を鑑みてのことだという。

寒冷地でＰＨＥＶを選ぶメリットには、ガレージ内でエンジンを始動させることなく空調をオンにできるというのも大きい。三菱アウトランダーＰＨＥＶなどは、しっかりそうしたニーズに応えている。寒いからとエンジンがかかるようだと排ガスがこもるため、こうした使い方は出来ない。

どのみち寒い環境ではＥＶ航続距離は期待できない。ＰＨＥＶに求められているのは、そこではないのでは？　実際にこうした環境でユーザーの使い方をリサーチし、またちゃんとテストをしたのかと正直、疑問が頭をもたげてしまった。

一方、これなら納得かなという印象を得たのがＸＤエクスクルーシブモード。ＭＨＥＶ無しの３・３Ｌディーゼルの ＦＲ車だ。微低速域ではＭＨＥＶ無し、しかもトルコンレスＡＴということでドライバビリティにやや難があるが、中回転域以上の吹け上がりは気持ちが良い。走りは高速向きと言える。

好印象なのはシャシーだ。前述した上下方向の周

▶CX-60

●4740mm×1890mm×1685mm/2870mm/1680～2060kg●①2488cc, 直4DOHC, 188PS/6000rpm, 25.5kgm/3000rpm, ②3283cc, 直6DOHCディーゼルターボ, 231PS/4000-4200rpm, 51.0kgm/1500-3000rpm③3283cc, 直6DOHCディーゼルターボ, 254PS/3750rpm, 56.1kgm/1500-2400rpm, モーター:永久磁石式同期電動機, 12kW(16.3PS)/900rpm, 15.6kgm/200rpm④2488cc, 直4DOHC, 188PS/6000rpm, 25.5kgm/4000rpm, モーター:永久磁石式同期電動機, 129kW(175PS)/5500rpm, 27.5kgm/400rpm, 電池容量:17.8kWh, EVモード航続距離:75km●8AT●FR/4WD●322.3万～646.3万円

期の速い揺れがだいぶ鳴りを潜め、落ち着いて乗っていられるのである。

実はＣＸ－60、車重によってシャシーの設定を変えていて、このモデルはリアサスペンションに複数箇所使われているピロボールが一部ブッシュに置き換えられ、リアのアンチロールバーも撤廃されている。おかげで操舵感はやや甘め、姿勢変化も大きく感じられるが、ＳＵＶなのだからこれぐらいでいい。

現状ベストかなと思ったのは、直列4気筒ガソリンエンジンを積む25Ｓ Ｓパッケージの ＡＷＤだ。こちらもサスペンションは同様の設定で、18インチタイヤを履くこともあり乗り味はマイルド。重量バランスの良さなどもあって、ＦＲベースのプラットフォームの良さがしっかり感じられて悪くない。

エンジンも意外と物足りなさを感じさせないのは嬉しい誤算だった。車体が良いので、同じエンジンでもＣＸ－5などに較べて静かだし、絶対的なトルクが小さい分、ＡＴのショックも小さくマイルドな感触。ストレスなしに走らせることができる。

そうなると、じゃあ25Ｓ Ｓパッケージの ＦＲモデルは軽いし、もっと良いのではと思ったのだが、こちらは乗り味にどうにも落ち着きがない。４ＷＤに較べると軽く、駆動力もかかっていないフロントの抑えが効いていないようで、終始クルマが前後左右に揺れるし、一定速を保つための微妙なアクセルコントロールに対しても、いちいちピッチングが起きてしまう。ＡＣＣ使用時すらそうなのだ。

そんな具合でグレードごとの差が結構大きく、ピンポイントでしかお勧めするのは難しいＣＸ－60。さすがにマツダ社内でも何とかしようという動きにはなっているようだ。当初は年内と言われていたＣＸ－80の発売延期も、理由は同じだと思われる。

クルマ好きの理想がほとばしり出たハードウェアにはつい肩入れしたくなってしまうところがあるし、走りにも光るところはある。そして何よりデザインが理屈抜きにカッコ良いだけに、早期の熟成を期待したい。現状は、まだ納得には程遠いが、しかし前向きに期待したいとは思っているのだ。

ハリアー ………… トヨタ

PHEVの上質感は特筆モノ。快適性文句ナシ

期待以上の上質感に思わず唸った。ハリアーに追加されたプラグインハイブリッド車だ。直列4気筒2・5Lエンジンと電気モーターを組み合わせ、18・1kWhのリチウムイオンバッテリーを積むハードウェアの構成はRAV4のそれと基本的に一緒。EV走行距離はやや短い93kmとなる。

電気モーターの受け持つ分が増えたことで、走りは一層静かさ、滑らかさが強調されている。ハイブリッド走行時でもモーターアシストは大きく、おかげで力感も数値以上のものがある。

車重の増加はさしたるネガを感じさせず、一方で乗り味には落ち着きをプラスしている。快適性には、もはや文句をつける余地などない。

ハリアーに上質感、先進性を強く求める人が選ぶべきはコレだろう。トヨタブランドのモデルの中でも走りは最上級の仕上がりと言っていい。

▶ハリアー

●4740mm×1855mm×1660mm/2690mm/1530〜1950kg●①2487cc, 直4DOHC, 177PS/6000rpm, 22.3kgm/3600rpm, フロントモーター:交流同期電動機, 134kW(182PS), 27.5kgm, リアモーター:交流同期電動機, 40kW(54PS), 12.3kgm, 電池容量:18.1kWh, EVモード航続距離:93km②2487cc, 直4DOHC, 178PS/5700rpm, 22.5kgm/3600-5200rpm, フロントモーター:交流同期電動機, 88kW(120PS), 20.6kgm(リアモーター:交流同期電動機, 40kW(54PS), 12.3kgm)③1986cc, 直4DOHC, 171PS/6600rpm, 21.1kgm/4800rpm●CVT●FF/4WD●312.8万〜620万円

ＲＸ

見た目も中身も優美で実直。面白味は薄いか…

レクサス

遅れていた販売の主力となるはずのハイブリッド車、ＲＸ３５０ｈの販売が始まり、新しいレクサスＲＸの姿を見かけることも増えてきた。遠目にも分かるのが新しいプロポーションの美しさ。ロングホイールベースの伸びやかさ、ノーズの長さが強調される一方で切り詰められたリアなどのおかげで、従来より俄然スポーティに、そして格上に見える。

一方で、顔の押し出しは従来よりも弱めかもしれない。スピンドルグリルのクロームの縁が無くなったため、特に濃い目のボディ色だと、遠くからはすぐにレクサスだと認識しにくい感があるのだ。プロポーションが良くなった分、尚のこと。日本未導入の3列シートモデル、ＴＸの顔くらい主張していてもいいかなという気がするのは事実である。

それも含めてというべきか、新しいＲＸは非常に実直な感じのするクルマだ。ボディ骨格はしっかりとしていて、新設計のリアサスペンションのおかげもあり乗り心地は相当なレベルにある。操舵に対して素直に向きが変わり、直進性も高い。インテリアのクオリティも高く、優れた静粛性もあってとても寛げる。ｅ－ラッチを備えたドアは、閉まり音もいい。ここも高減衰マスチックシーラーを使うなど、入念に作り込んだということだ。

ＲＸ３５０ｈは２・５Ｌエンジンと電気モーターを組み合わせたハイブリッド。こちらも動力性能に余裕があり、燃費も素晴らしいのだから言うことはない……いや、やはりちょっと面白味が薄いとは言うべきだろう。どこをとっても優等生でソツが無いというのは、プレミアムカーにとっては褒め言葉とばかりは言えないはずだ。

ＲＸ５００ｈ〝Ｆスポーツ・パフォーマンス〟だって走りは爽快なクルマだけれども、弾けてはいない。いきなり服を着崩してヒップホップを聴けとは言わないが、カチッとした格好でクラシックばかりでもつまらないでしょという話である。

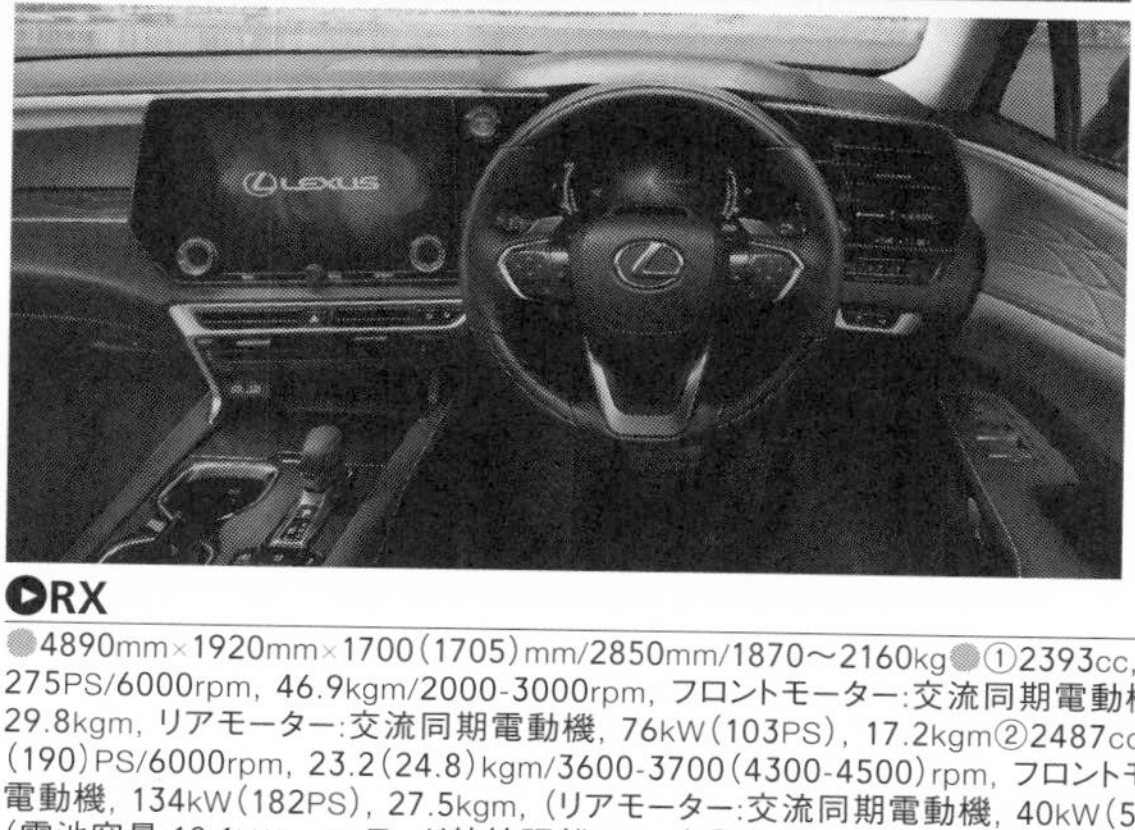

SUV

▶RX

●4890mm×1920mm×1700(1705)mm/2850mm/1870～2160kg●①2393cc, 直4DOHCターボ, 275PS/6000rpm, 46.9kgm/2000-3000rpm, フロントモーター:交流同期電動機, 64kW(87PS), 29.8kgm, リアモーター:交流同期電動機, 76kW(103PS), 17.2kgm②2487cc, 直4DOHC, 185(190)PS/6000rpm, 23.2(24.8)kgm/3600-3700(4300-4500)rpm, フロントモーター:交流同期電動機, 134kW(182PS), 27.5kgm, (リアモーター:交流同期電動機, 40kW(54PS), 12.3kgm), (電池容量:18.1kWh, EVモード航続距離:83km)③2393cc, 直4DOHCターボ, 279PS/6000rpm, 43.8kgm/1700-3600rpm●6AT/8AT/CVT●FF/4WD●666万～901万円

CX－8 ……… マツダ

生産終了。その役割はCX－80に引き継がれる

２０１７年の発売開始以来、高い人気を誇ってきたマツダＣＸ－８だが、２０２３年12月をもって生産を終了すると発表された。この本が発売される頃には、注文受付も終了しているに違いない。

ミニバンから撤退し、多人数乗車需要を３列シートＳＵＶで賄うというマツダの戦略は上々の成果をもたらした。人は乗せたいけれどファミリー感は出したくない、沢山の荷物を載せたい、牽引をしたいといったニーズに、ＣＸ－８は見事に応えたのだ。

その跡を継ぐのは予告通りＣＸ－80となる。ＣＸ－60と同じエンジン縦置きのラージアーキテクチャーを使った３列シートＳＵＶだ。実はその発表は年内と言われていたが、走りの熟成のために年明けまで持ち越された。さて、その熱い支持まで引き継ぐことができるかは、ＣＸ－60で賛否の分かれた走りの熟成具合にかかっていると言えるだろう。

▶CX-8

●4925mm×1845mm×1730mm/2930mm/1730～1920kg●①2188cc，直4DOHCディーゼルターボ，200PS/4000rpm，45.9kgm/2000rpm②2488cc，直4DOHC，190PS/6000rpm，25.7kgm/4000rpm③2488cc，直4DOHCターボ，230PS/4250rpm，42.8kgm/2000rpm●6AT●FF/4WD●299.4万～505.9万円

ランドクルーザー250／70

プラド後継は大幅進化で期待大。70も楽しみだ……トヨタ

トヨタを代表するリアルオフローダー、ランドクルーザーの中核となるライトデューティーモデルとして、14年の長きにわたってロングセラーを続けてきたランドクルーザー・プラドが遂にフルモデルチェンジを行なう。新たな名前はランドクルーザー２５０。フラッグシップである３００、そして今回同時に復活が決まったヘビーデューティーモデルの70と、これで日本でも、全3シリーズが揃い踏みすることとなった。

角目と丸目、ふたつのフェイスを揃えた２５０のデザインは、直線基調でシンプル。道具や相棒という形容が相応しそうなものだ。人々の生活、地域社会を支えるためのクルマという原点に立ち返るという開発コンセプトにより、導かれたのがこの姿。そんなわけで華美ではないが、決して簡素なわけではなく、実にキャラクターが立っている。

ちなみに丸目のヘッドライトは当初、廉価グレード向けに描き出されたそうだが、社内であまりに好評だったため、並列して売られることになったのだという。しかもコレ、付け替えが可能である。

バンパーコーナーも簡単に付け替え可能で、メンテナンス性は上々。スクエアなフォルムに短いオーバーハング、細いＡピラーなど、機能性を徹底的に重視したデザインは、とても力強い。

車体は３００と同様のＧＡ－Ｆプラットフォームを採用する。これにより大幅な剛性アップを実現しているが、サイズはその分大きく、全長は４９２５㎜、全幅は１９８０㎜と、実はもはや３００に対して長さが25㎜短いだけ、全幅は一緒である。但し、ドアミラーを含む全幅は、プラドよりも逆に短縮されているという。

新たなシステムとしては、まず電動パワーステアリングが採用された。３００では信頼性を重視して電動油圧式を使ったが、もはや電動でもその点は抜かりなしと判断されたようだ。また、スイッチ操作

でフロントスタビライザーを切り離すことも可能。通常走行時の安定性とオフロード走破性を両立させている。電子制御式サスペンションのＡＶＳも設定。また、基本設計の部分でもタイヤ接地性の一層の向上が図られている。

　パワートレインはグローバルでは全5種類の設定となる。日本仕様はまずは２・８Ｌディーゼルターボと、２・７Ｌガソリンの2種類となることが有力。遅れて、北米や中国とともに２・４ＬガソリンターボＨＥＶも投入される。その他に２・４Ｌガソリンターボ、２・８ＬディーゼルＭＨＥＶで、合計5種類。それぞれ、仕向地に合わせて選択される。

　見た目カッコ良く、3列シートの設定もあり実用性も高そう。走りは大幅に進化していそうな２５０だが、３００と同じＧＡ－Ｆプラットフォームを使うとなると、価格はそれなりに高くなりそうに思える。現行のプラドは３００万円台中盤から手に入れられるだけに、大幅な値上げにならないことを願いたいが、さてどうなるか。

もうひとつの注目が70である。２０１４年に期間限定で再販されて以来の、今度はレギュラーモデルとしての復活だ。

　こちらも丸目のヘッドライトを採用。前回の再販時はガソリンエンジンにＭＴのみという設定だったが、今回はディーゼルに6速ＡＴという組み合わせになる。先進安全装備が備わり、実はシャシーやシートの改良で乗り心地も改善されている模様。価格は前回販売時の３６０万円からずいぶん上がってしまったとは言え、内容からすればむしろ安いほどだ。

　実は先代ランドクルーザー・プラド、私は大ファンだったが、買わないと決めていた。ディーゼルエンジン搭載モデルに乗ってその乗り味に惚れ、これを手に入れたらもう満足して、絶対に他のクルマには乗り換えられなくなると悟ったからだというのは、本当の話である。今度の２５０も、そんなクルマに仕上がっているのだろうか。あるいは大改良版の70も、そういう思いにさせるのか。私もドキドキしながら登場を心待ちにしているところなのである。

▶ランドクルーザー 250

●4920mm×1980mm×1860mm/2850mm/--kg●①2.8L，直4DOHCディーゼルターボ，204PS，51kgm②2.7L，直4DOHC，163PS，25.1kgm●8AT●4WD●--万円
※プロトタイプのデータ

▶ランドクルーザー 70

●4890mm×1870mm×1920mm/2730mm/2300kg●2754cc，直4DOHCディーゼルターボ，204PS/3000-3400rpm，51kgm/1600-2800rpm●6AT●4WD●480万円

GX レクサス

本格オフローダーが日本に。悪路の乗り心地◎

北米、中東などで人気のレクサスきってのオフローダー、GXがフルモデルチェンジを機に日本でも販売されることになった。ひと目見て分かる通り、これまでのレクサスには無かった雰囲気の、なかなか興味をソソられるクルマだ。

外観はゴツい直線基調で、RXやNXなどのクロスオーバーテイストが強いSUVとは異なる雰囲気。迫力には全長4950㎜×全幅1980㎜×全高1865㎜というサイズもひと役買っている。LXと同じ2850㎜のホイールベースから想像できるように、フレーム構造のGA-Fプラットフォームを用いているのである。

これも基本はLX譲りのV型6気筒3・5Lツインターボエンジン+10速ATを搭載し、18インチオールテレーンタイヤ、電動式スタビライザーのE-KDSSなどを装備した〝OVERTRAIL〟を、オフロードで試した。乗り心地の良さが、その第一印象。堅牢なボディとストロークの長いサスペンションのおかげで、凸凹した路面もすんなり通過し、ゴツい岩を乗り越える時ですらショックを伝えてこない。地面にカーペットでも敷いた？ なんて冗談が出るほどの乗り心地には軽く感動してしまった。

伸縮独立バルブとFCD（フリクションコントロールデバイス）を搭載したショックアブソーバーなどのおかげで操縦性も素直でいい。一方、燃費はきっと良くはないだろうと考えると、2・4Lターボエンジンを使ったハイブリッドも試してみたくなる。

2024年の発売までに何とかならないかと思ったのは、荷室の壁面がカーペット張りではなく、まさかの樹脂むき出しなこと。本気で使い倒してほしいなら、しかもプレミアムブランドのクルマなら、傷つきにくいよう配慮すべきだ。実際にはメルセデス・ベンツGクラスやディフェンダーのそれと同じような層に響くだろうと考えれば尚のこと。この辺りはしっかり本当のユーザーを見てほしい。

▶GX

●4950mm×1980mm×1865mm/2850mm/--kg●①3.5L, V6ターボ, --PS/--rpm, --kgm/--rpm②2.4L, 直4ターボ, --PS/--rpm, --kgm/--rpm, モーター:--, --kW(--PS)/--rpm, --kgm/--rpm●10AT/8AT●4WD●--万円
※スペック詳細未公表

カテゴリー総評

【SUV】

新型発表多数。不正に供給不足。話題多き1年

コンパクトSUV市場拡大の立役者、ダイハツ・ロッキー／トヨタ・ライズのハイブリッド車が、認証手続きの不正の判明により出荷、販売を停止したのは5月のことだった。それが10月になっても出荷は再開されず、注文済みの顧客に対してキャンセル要請が出たと報道された。

要するに調査が長引いているということで、ダイハツという会社に何が起きているのか、これまで何が行なわれてきたのかと、不安というかガッカリというか、ユーザーのことを考えると残念と言うほかない。さて何が明らかになるのか……。

納期の見えないハイブリッド車から流れ込むユーザーも居て、ガソリンエンジン車にも注文が殺到。ロッキー／ライズはいずれも受注停止になってしまった。では別の車種をと考えても、ヤリスクロスなどもほぼ同様の状態で、行き先は悩ましい。

そんなタイミングで導入が発表されたのがホンダWR－V。サイズはヴェゼルとほぼ変わらないが、潔くガソリンエンジン搭載のFF車のみにラインナップを絞り、内外装もシンプルに徹し、何よりインド生産とすることでコストを低減。250万円以下のSUV市場奪取に動いた。

本当なら自らマーケットを開拓してくれよとも思うが、こうして市場の動きに即応するということ自体、ホンダの中の変化を感じる。何より販売店にとって嬉しいことだろう。

中～大型モデルでは、マツダCX－80の発売延期が大きなニュースか。北米でのCX－90のヒットで一息ついて、クルマをしっかり煮詰めてから出す方向に改めたという話である。CX－60が賛否分かれただけに、朗報と言うべきだろう。

新型ランドクルーザー250も、もちろん大注目。〝70〟の復活もニュースである。そして個人的にはレクサスGXが気になっている。ちょっとサイズが大きいなあと思いつつ。

今や市場の中心であるSUVだけに、話題多き1年だった。2024年もトピックに事欠かない年となるのは間違いない。

カローラ ……… トヨタ

物価高でも良品廉価。価格以上の価値感じる

　様々なモノの価格が高騰している昨今。クルマの値段についても状況はまったく一緒である。果たしてカローラはどのぐらい値上げしたのかと思って確認すると、何と最廉価モデルであるセダンのＸは１９９万９０００円という価格を維持していたのだった。もちろん、営業車として購入されることの多い車種だけに、２００万円を超えた途端に引き合いが減るといった事情があるのだろうが、他のグレードもバランスをとってリーズナブルに抑えられていることを考え合わせれば、やはり大歓迎と言うべきではないかと思う。

　何しろ今のカローラは、安いぶん中身もそれなりというクルマではない。そのセダンのＸは、エンジンが従来の直列４気筒１・８Ｌから直列３気筒１・５Ｌになり、リアサスペンションはトーションビーム式になってと、スペックだけ見ると格落ち感が否めないのだが、実際は案外軽快に走ってくれる。一番の狙いは燃費向上で、これについても額面上はしっかり果たされているだけに、ユーザーにとっては歓迎だろう。３気筒の音が不満との声も聞くが、そもそも趣味でクルマに乗る人はそうそう手を伸ばさないだろうと考えれば、それも問題とは言えまい。

　エンジンについて言えば、カローラ・スポーツの１・２Ｌターボも２・０Ｌ自然吸気に置き換えられた。動力性能に余裕が出て、吹け上がりも爽快なユニットなのは嬉しいが、代わりにＭＴは選べなくなった。皆がＧＲカローラを買えるわけではないので、１台くらいあると良かったが、まあ致し方ないか。一方、主力のハイブリッドは最新世代にアップデートされ、走りは従来より電気モーターの存在感が増している。自分で選ぶなら、やはりこちらだろうか。

　先進運転支援システムの内容も充実しており、それなりどころか、特に今の御時世では価格以上の価値を感じられるクルマと言ってもいいカローラ。この世代で、本当に見事な復活を遂げたと言える。

▶カローラ・セダン

●4495mm×1745mm×1435mm/2640mm/1230〜1430kg●①1797cc, 直4DOHC, 98PS/5200rpm, 14.5kgm/3600rpm, フロントモーター:交流同期電動機, 70kW(95PS), 18.9kgm(リアモーター:交流同期電動機, 30kW(41PS), 8.6kgm) ②1490cc, 直3DOHC, 120PS/6600rpm, 14.8kgm/4800-5200rpm●CVT●FF/4WD●199万〜299.8万円

▶カローラ・ツーリング

●4495mm×1745mm×1460mm/2640mm/1260〜1440kg●①1797cc, 直4DOHC, 98PS/5200rpm, 14.5kgm/3600rpm, フロントモーター:交流同期電動機, 70kW(95PS), 18.9kgm(リアモーター:交流同期電動機, 30kW(41PS), 8.6kgm)②1490cc, 直3DOHC, 120PS/6600rpm, 14.8kgm/4800-5200rpm●CVT●FF/4WD●207万〜265.8万円

シビック……ホンダ

クラスレスな1台。デザインも走りも爽快

もはや、さすがにコンパクトカーとは言いにくいが、それでも小型車の範疇にはありつつも、上だ下だ右だ左だということを意識させないと言うのだろうか。シビックという車名には、そんなイメージが今も色濃い。そもそもホンダ車のラインナップ自体が、そうした縦横の繋がりが薄く、各モデルが独立して繋がっていない感じになっていることもあって、昨今ますますそんな印象が強まっている。確かにフィットの上ではあるだろうけど、アコードの下じゃないよね？　みたいな話だ。

シビックはシビック。あるいは、やっぱり今、いわゆるホンダらしさが一番強いモデルかもしれない。

低いフード、手前に引いたAピラー、そして低いルーフにワイドなトレッドで構成されたフォルムは、典型的なＦＦハッチバックのそれとは違った趣で、それこそクラスレスに感じられるというのは常々書いてきた通りだ。パッケージングの高効率性を突き詰めるなら答は異なるのかもしれないが、このサイズがあれば、もはや空間的な不足はない。

しかもその室内はシンプルで、しかしちゃんとデザインされていて、居心地が良い。低くフラットなダッシュボードのおかげで広々とした視界も相まって、ホンダが標榜する通り爽快な感じを味わえる。

走りもそう。しっかりとした車体、密度の濃い操舵感、確かな接地性のおかげで、難無く思った通りのラインをトレースできるフットワークは、運転って楽しいなと改めて実感させてくれるものだ。

パワートレインは後から追加されたｅ：ＨＥＶのハイブリッドとは思えないほど、エンジンの気持ちよさが際立った仕上がりと省燃費性の両立に唸らされるが、１・５Ｌターボエンジンの、特にＭＴと組み合わせた小気味良さも捨てがたい。

これらは、いずれを選んでも間違いはないと断言できる。クラスレスなパーソナルカーのシビックだ。好きなように選んで楽しんでくれればいいと思う。

▶シビック

●4550mm×1800mm×1415mm/2735mm/1330～1460kg●①1993cc，直4DOHC，141PS/6000rpm，18.6kgm/4500rpm，モーター:交流同期電動機，135kW（184PS）/5000-6000rpm，32.1kgm/0-2000rpm②1496cc，直4DOHCターボ，182PS/6000rpm，24.5kgm/1700-4500rpm●6MT/CVT●FF●324.1万～398.1万円

マツダ3

魅力的な特別仕様車追加。が、MTはリストラ

マツダ

マツダが多くのモデルで群展開する特別仕様車の「レトロスポーツエディション」は、２０２１年末の商品改良でＣＸ－５に設定された新色ジルコンサンドにインスパイアされたという、ブラックとのコーディネートでクラシカルなスポーティ感を演出する存在だ。一見ソリッドのアースカラーのように見えて、実はメタリックが入っているため面の陰影などもしっかり表現されるこの色、ＣＸ－５ではオフロードテイストの「フィールドジャーニー」のテーマ色とされていたが、ロードスターに塗ってみたら、まさにレトロなスポーツ感が出たということで横展開されたのである。

　マツダ３はファストバック、そしてセダンにもこの仕様を設定したのだが、これが中々良い雰囲気で気に入ってしまった。ファストバックもいいが、セダンでこれを選ぶのは、かなりの通と言えるだろう。とても大人っぽく、派手ではないけれどオッと思わせる。そんなセダンに乗るのは一体どんな人なんだろうと思わず想像が膨らんだ。いや、できるならば自分で挑んでみたいくらいだ。

　このタイミングでマツダ３、同時に一部改良が行なわれた。驚いたのは、従来は幅広いエンジンで選択できた６速ＭＴの設定が大幅に削減されたこと。更に、ｅ－スカイアクティブＸを搭載するのがファストバックの４ＷＤのみとされてしまったのである。

　どちらも正直、物凄く数が出るというわけではないだろうが、それでもマツダの走りへの思いの表れみたいな存在だったのは確かだろう。仕方ないと思いつつも寂しい気持ちになってしまった。まあ、ｅ－スカイアクティブＸに興味を持つ人にとっては、結局は行き着くだろうなという組み合わせには違いないから、販売にはあまり影響は無いのかもしれない。せっかく残した以上は、その存在意義、他にはない走りの歓びを今一度しっかりとアピールしてほしいと思わずには居られないのだ。

▶マツダ 3・ファストバック

●4460mm×1795mm×1440mm/2725mm/1340～1520kg●①1496cc, 直4DOHC, 111PS/6000rpm, 14.9kgm/3500rpm②1997cc, 直4DOHC, 156PS/6000rpm, 20.3kgm/4000rpm, モーター:交流同期電動機, 5.1kW(6.9PS)/1800rpm, 5.0kgm/100rpm③1756cc, 直4DOHCディーゼルターボ, 130PS/4000rpm, 27.5kgm/1600-2600rpm④1997cc, 直4DOHCスーパーチャージャー, 190PS/6000rpm, 24.5kgm/4500rpm, モーター:交流同期電動機, 4.8kW(6.5PS)/1000rpm, 6.2kgm/100rpm●6MT/6AT●FF/4WD●228.8万～386.7万円

▶マツダ 3・セダン

●4660mm×1795mm×1445mm/2725mm/1380～1410kg●①1997cc, 直4DOHC, 156PS/6000rpm, 20.3kgm/4000rpm, モーター:交流同期電動機, 5.1kW(6.9PS)/1800rpm, 5.0kgm/100rpm②1756cc, 直4DOHCディーゼルターボ, 130PS/4000rpm, 27.5kgm/1600-2600rpm●6AT●FF●259.4万～310.5万円

インプレッサ……スバル

新味少ないが、走り一新。往年の良さ取り戻した

２０２３年1月に発表され、2月に発売を開始した新しいスバル・インプレッサ。１９９２年の初代モデルのデビュー以来、通算6代目のモデルは、従来付けられていたＳＰＯＲＴのサブネームが外され、シンプルにインプレッサと呼ばれる5ドアハッチバックのみが用意される。

しかしながらコンセプトとして掲げられているのは行動的なライフスタイルへと誘うユーティリティ・スポーツカーだという。確かに、今や主流のＳＵＶではなく敢えてインプレッサを選ぶような人は、カリカリに速さを求めるわけではないが、クルマにある種のスポーティさを求めているという見方はできるだろう。では具体的に、それをどんなかたちで具現化したのか。

全長やや長めの5ドアハッチバックという構成に変わりはなく基本フォルムも踏襲。全体にディテールは賑やかになっているが、正直言って物凄く変わり映えがするわけではない。水平対向4気筒エンジンとＣＶＴの組み合わせ、ｅ－ＢＯＸＥＲと呼ばれるマイルドハイブリッドも、やはり新鮮味という意味では希薄である。

なので乗る前には、それほど期待していたわけではないというのが正直なところなのだが、嬉しいことにそんな先入観はいい意味で裏切られた。走りがとても爽快なのだ。

ＳＧＰ（スバル・グローバル・プラットフォーム）を用いるのは先代と一緒だが、アッパーボディとアンダーボディを別々に組んだ後に接合していた従来型に対して、強固に組み立てた骨格に外板を溶接するフルインナーフレーム構造を採用したことで、高剛性化と軽量化を達成している。レヴォーグ以降この構造になったことで激変したスバル車の走りが、ようやくここにも降りてきた。

従来型は最後までわずかに残っていたリアが左右に揺動する感覚はいよいよ消え、高いスタビリティ

と素直な操縦性、落ち着いた乗り心地が実現されている。それには2ピニオンの電動パワーステアリングの採用、構造用接着剤の塗布範囲の拡大なども貢献しているのは間違いないし、細かい部分ではフロントシートの取り付け剛性を高めているのも、走りの質の向上に繋がっているのは明白だ。

　全体に走りから雑味が消えているのは、この基本骨格の良さもあるし、また音環境の良さも影響しているはずだ。ルーフパネルと骨組みの接合に弾性のある高減衰マスチックシーラーを使い微振動を抑えているのだが、これがカナリ効果を発揮している。更に、エンジンやＣＶＴもアルミ製マウントの採用、各部の剛性アップなどで振動を抑制。ｅ－ＢＯＸＥＲの電気モーターの制御見直しもあって、水平対向らしい軽やかな吹け上がりに一層のスムーズさが加わったという具合である。

　11・6インチに拡大されたセンターインフォメーションディスプレイやデジタルマルチビューモニター、新型ステレオカメラユニットと広角単眼カメラを組み合わせて性能を格段に向上させたアイサイトなど、既存の装備もあらゆる部分で性能向上を実現している。変わり映えしないなんて言ってしまったが、実はそんな風に表現しては申し訳ないほどの大きな進化、実現しているのだ。

　先日試乗して気に入ったのがエントリーグレードであるＳＴのＦＷＤモデルである。ＡＷＤより車重が軽いこともあり、走りには一層の軽快さがあるし、穏やかなサイズのタイヤのおかげで乗り心地もマイルド。すっぴんに近い内容だからこそ、基本設計の部分での大幅な進化を一番堪能しやすいモデルだと言ってもいいかもしれない。

　ＷＲＣに出ていた頃のインプレッサは、競技を見越した凄まじく堅牢なボディのおかげで、エントリーグレードでもまるでＶＷゴルフかというぐらいの高い走りの質を実現していた。乗ってて思い出したのは、その頃のこと。ようやくインプレッサ、あるべき位置まで帰ってきたなというのが、個人的な実感である。

▶インプレッサ

●4475mm×1780mm×1450(1515)mm/2670mm/1380〜1580kg●①1995cc, 水平対向4DOHC, 145PS/6000rpm, 19.2kgm/4000rpm, モーター:交流同期電動機, 10kW(13.6PS), 6.6kgm②1995cc, 水平対向4DOHC, 154PS/6000rpm, 20.0kgm/4000rpm●CVT●FF/4WD●229.9万〜321.2万円

プリウス……トヨタ

大胆に変身。見た目も走りもスポーティに

初代の登場から、ほぼ四半世紀。５代目へと進化したプリウスは大胆にその姿を変えて登場した。ワンモーションフォルムの５ドアであることは変わらないが、フロントウインドウが大きく寝かされ、フロントからルーフまでほぼ真っ平らに繋げられている。そして足元には最大19インチの大径タイヤである。そのルックスは、まるでスポーツカーだ。

実際、普通に走らせているだけなのに先を行くクルマがすっと道を開けるということ、数回経験した。シャープな顔つき、幅広く、低くなった寸法も相まって、なにかスゴいのが来たと思わせたのだろう。けれども新しいプリウス、決して見た目だけのクルマではない。走りも同様に、これが本当にプリウスかというくらいスポーティなのだ。

肝となるのが３種類のハイブリッドシステム。ＨＥＶは１・８Ｌと２・０Ｌが用意される。燃費重視の１・８Ｌがシステム最高出力１４０PS、対して２・０Ｌは１９６PSに。いずれも後輪を41PSの高出力モーターで駆動するＥ－Ｆｏｕｒが選択できる。

目玉が２・０Ｌエンジンを使ったＰＨＥＶである。こちらのシステム最高出力は実に２２３PS。０－１００km／ｈ加速は６・７秒。何と先代トヨタ86の７・４秒を置き去りにする。しかもＥＶ航続距離は最長１０５kmにもなる。先代の68・２kmでも十分事足りるものだったと思うが、このインパクトは大きい。普段使いはほぼＢＥＶのようなものである。

乗り降りは思ったほど難儀ではないが、着座位置の低さもあり運転席からの眺めはやはりスポーツカー的だ。重心も低くなっているので、フットワークは期待通り軽快。小径のステアリングホイールも相まって右に左に意のままにステップを踏める。

動力性能は１・８Ｌでも十分、２・０Ｌだとさすがに余裕がある。ＴＨＳⅡも更に磨かれて、レスポンスだって決して緩慢ではないから見た目で抱いた期待は裏切られない。ましてやＰＨＥＶは、積極的

▶プリウス

●4600mm×1780mm×1430（1420）mm/2750mm/1360〜1570kg①1986cc，直4DOHC，151PS/6000rpm，19.2kgm/4400-5200rpm，フロントモーター:交流同期電動機，120kW（163PS），21.2kgm，EVモード航続距離:87km②1986cc，直4DOHC，152PS/6000rpm，19.2kgm/4400-5200rpm，フロントモーター:交流同期電動機，83kW（113PS），21.0kgm（リアモーター:交流同期電動機，30kW（41PS），8.6kgm）③1797cc，直4DOHC，98PS/5200rpm，14.5kgm/3600rpm，フロントモーター:交流同期電動機，70kW（95PS），18.9kgm（リアモーター:交流同期電動機，30kW（41PS），8.6kgm）●CVT●FF/4WD●275万〜460万円

に速いという言葉を使いたくなる俊足ぶりである。

気に入ったのはＨＥＶのＥ－Ｆｏｕｒだ。高出力モーターを使って積極的に後輪を駆動することで、より良く曲がり、安定感のあるコーナリングができるのである。面白いのは１・８Ｌの方が相対的に前後バランスが良く、Ｅ－Ｆｏｕｒの旨味を感じやすいこと。ちょっと雪山でも行ってみたくなる。

一方、ＰＨＥＶは搭載スペースの都合でＥ－Ｆｏｕｒが選べない。いっそリフトアップして余裕を稼いでＥ－Ｆｏｕｒ化し、見た目もオフロードテイストに仕立てたＰＨＥＶなんてあってもいいのでは？

プリウスはなぜ、こんな風に変貌を遂げたのか。愛車という言葉が使われているように、カッコ良くて走りが楽しいというストレートな価値を武器に、多くの人に愛されるクルマになれば、トータルで見てCO_2削減に繋がる。ＨＥＶの方で体現しているのは、要するにそういう価値観である。

ＰＨＥＶは、プリウスの先進感に魅力を感じていた人にアピールするモデルだ。それなら今の時代はＢＥＶだろうと言われるかもしれないが、プリウスを名乗る以上、初代がそうだったように従来のクルマと容易に置き換え可能な、つまり今の延長線上にある未来じゃなければ、という思いがあるのだろう。

そんなＰＨＥＶで絶対装着したいのが年間１２００㎞走行分の電力を生み出すソーラー充電システムだ。何しろその分は完全にカーボンニュートラルになる。存在意義がグンと高まるアイテムである。

ところでヨーロッパでは、タクシーとして活躍するプリウスやかつてのプリウスαを本当に多く目にする。企画の際に豊田章男会長は「プリウスはコモディティでいいのでは」と言ったというが、そんな景色を見ると、それもアリだったかもと思わされる。

実際、海外からはコモディティ的なプリウスの要望も結構あるという。今やカローラ、あるいはＲＡＶ４がタクシーに使われる例も多くなってきているが、私もそれ、あってもいいなと思う。タクシーの定番として各地で見かけるプリウスも、やはり日本の誇りであり大事にすべきものだと思うのである。

インプレッサは今後、どうするつもり?

「セダン・ワゴン1」

このカテゴリーを振り返ってみると、やはり新型プリウスの強さが印象的だ。あの大胆なルックス、街にあふれ出したら一体どう感じるのかと思っていたが、これが案外しっくり来る感じである。

けれど埋没してしまっているわけでも退屈なわけでもない。正直、先代などは消去法での選択だったり、営業車として使われたりという例も多かったと思うが、新型は意図した通りの〝愛車〟感のようなものが確かに匂っていて、積極的に選んで乗っているように見える。その意味でもプリウスのデザインは、ここまで飛躍することが必要だったのだろう。

もっとも私としては、かつてのプリウスのような、速さ、カッコ良さとは違った先進性や環境への配慮のようなものがにじみ出た存在感も、やっぱり忘れてはいけないと思う。それはMIRAIにしても同じだが、旧来のカッコ良さと違うベクトルにあるからこそそのカッコ良さとでもいうもの、求めている層は居るはずだ。

クラスはひとつ上になるかもしれないが、ジャパンモビリティショー2023でレクサスが出展していたLF－ZCはそんな思いを叶えてくれそうな気がする。けれど、もっと身近なレベルでそういう選択肢があればなと思うのである。

インプレッサの生真面目な仕上がりが、とても好印象だったと書いた。欲を言えば、やはりそろそろ、いくら何でもフルハイブリッドが欲しい。

それこそトヨタから供給を受けるのも、独自の水平対向エンジンを使ったレイアウトでは簡単ではないのは分かる。であるならば、そのコダワリは再考してもいいかもしれないと正直思う。それこそ新型インプレッサの完成度、そしてスバルらしさからは、逆にエンジンが何だろうと、彼らが作ればちゃんとスバル車になることは間違いないのだから。

仮にそうでも、そうじゃなくても、将来戦略がもう少しクリアに見えてくるといいのだが。クルマづくりが熟してきた今は、飛躍の好機のはずである。

サクラ……日産／eKクロスEV……三菱

中国製競合車参入で立ち位置が変わるか

軽自動車規格のＢＥＶとして世に問われた日産サクラ、三菱ｅＫクロスＥＶは、市場にしっかり受け入れられたようだ。特にサクラは、半導体供給問題など他の要因も重なって納期が1年以上に延びてしまい、すぐに受注停止になってしまったほどである。

実際、平均的な軽自動車の行動範囲程度であればＢＥＶがベストマッチなのは間違いない。スペック共通の両車のバッテリー容量は20kWhで、航続距離は最大１８０㎞と十分。一軒家住まいであれば自宅での普通充電で普段使いを余裕で賄えてお釣りがくるほどだし、急速充電器を使うのが前提でも、要する時間は長くはない。ガソリンスタンドが減っている郊外などでは、むしろ便利に使えるだろう。

逆に長い距離を経路充電で繋いでいくような走らせ方は、何度も充電が必要になりあまり得意ではない。加速は力強く、乗り心地も落ち着いていて、室内はとても静か。エンジン付き軽自動車と較べて高速域の快適性は段違いだし、サクラではプロパイロット、ｅＫクロスＥＶではマイパイロットも選べるのだが、遠出が多いなら別の選択肢を考慮した方がいい。あくまで本質はシティコミューターである。

ところで２０２２年12月、停止されていたサクラの受注が再開された際に、同時に価格改定が行なわれた。後で触れるリーフと同様、上げ幅は結構大きい。売れているのだから大丈夫と踏んだのか、そもそも最初から値上げは織り込み済みだったのか。

こうなってくると、だったら軽自動車じゃなくてもいいと考える人も出てくるかもしれない。中国のＢＹＤが新たに導入したコンパクトカーのドルフィンは、実質約３００万円とサクラとほとんど変わらない価格のスタンダードモデルでも航続距離４００㎞を実現している。昨年も書いたが、個人的にはサクラのように立派ではなく、もっと道具に徹した軽自動車の王道的な、価格も抑えられたＢＥＶを開発するべきではないかと改めて思っている。

▶サクラ

●3395mm×1475mm×1655mm/2495mm/1070～1080kg●モーター:交流同期電動機，47kW(64PS)/2302-10455rpm，19.9kgm/0-2302rpm，電池容量:20kWh，航続距離:180km●固定ギア比●FF●254.9万～304万円

▶eK クロス EV

●3395mm×1475mm×1655mm/2495mm/1060～1080kg●モーター:交流同期電動機，47kW/2302-10455rpm，19.9kgm/0-2302rpm，電池容量:20kWh，航続距離:180km●固定ギア比●FF●254.7万～308.1万円

リーフ……日産

大幅値上げ。現状ではオススメする理由がない

原材料費高騰、大幅な円安といったクルマの価格上昇に繋がる要因は山程ある昨今なので、値上げ自体はまあしょうがないと半ば諦めている。それでも日産リーフの、しばらく停止していた受注の再開に合わせた値段の上げ方には目を疑った。

もっとも安価な〝X〟の価格は４０８・１万円で、従来より約37万円も高くなった。60kWhの大容量バッテリーを積むリーフe+の上級グレード〝G〟は５８３万４４００円で、何と１００万円以上も引き上げられているのだ。設計もデザインも新しいアリアだって、66kWhモデルが５３９万円から購入できるのに、それと同じか、もっと高いなんて……。

絶対的に高いのもそうだが、前の値段を誰もが知っているだけに説得力に欠けるのが何よりの問題だ。正直、現状ではオススメする理由は見当たらない。悪いクルマではないのだけれど。

▶リーフ

●4480(4510)mm×1790mm×1560(1565,1570)mm/2700mm/1520〜1680kg●①モーター:交流同期電動機, 160kW(218PS)/4600-5800rpm, 34.7kgm/500-4000rpm, 電池容量:60kWh, 航続距離:450km②モーター:交流同期電動機, 110kW(150PS)/3283-9795rpm, 32.6kgm/0-3283rpm, 電池容量:40kWh, 航続距離:322km●固定ギア比●FF●408.1万〜583.4万円

MX－30ロータリーEV …………… マツダ

マツダにしかできない電動車が登場

　世界でマツダただ1社だけが量産化に成功し、それを搭載した数々の名車を生み出してきたロータリーエンジンが、RX－8の生産終了から実に11年の時を経て甦った。但し、先に釘を刺しておこう。新しいロータリーエンジン搭載車はスポーツカーではなく、しかもこのロータリーは直接、車輪を駆動はしない。あくまでエンジンは発電に徹して、その電力で電気モーターを駆動する、シリーズ式のプラグインハイブリッド車の登場である。

　そのクルマこそMX－30ロータリーEV。そう、BEV、そしてMHEVを用意して、マツダの電動化を牽引してきたコンパクトSUVの新しいラインナップとして加わったのだ。

　ロータリーエンジンの美点は、小さなサイズで高い出力を得られることにある。実際、MX－30ロータリーEVでは前輪を駆動する電気モーターの脇の狭い空間に、新開発の1ロータリーユニットがすっぽりと収まっている。

　このエンジンは形式名「8C」。排気量830ccで、最高出力53kW（72PS）、最大トルク11・4kgmを発生する。あの、コスモスポーツに搭載された10A型以来となるアルミ製サイドハウジングの採用、SKYACTIVエンジン技術が活かされた初のガソリン直噴などが投入された最新ユニットである。

　マツダはRX－8の生産終了後も、ロータリーの開発施設を閉鎖してはいなかった。実は危ない時もあったというが、結果としてそこで蓄積されてきた技術が、一気に花開いたと言っていい。

　駆動用電気モーターは最高出力125kW（170PS）、最大トルク26・5kgmを発生する。車重は1780kgだ。

　バッテリー容量は17・8kWhで床下に搭載される。EV航続距離は107kmに達する。よって普段は電気自動車としてローカルゼロエミッションの静かで滑らかな走りを可能にしながら、50Lの燃料タンクを備えることで、満充電、満タンから実に８００kmという総航続距離を実現している。

参考までにＥＶモデルでは、バッテリー容量はちょうど倍の35・５kWhで、一充電走行距離は２５６km。車重は１６５０kgに留まるが、最高出力は１０７kW（１４５PS）、最大トルクは27・５kgmとなる。

走らせてみると、アクセル操作に対する自然なレスポンス、リニアな加速感はＥＶモデルと変わらない。強いて言えば、増えた車重を支えるためにサスペンションが硬めで、段差などでの入力が大きめに感じられるくらいの違いだ。

走行モードは「ノーマル」の他に可能な限り電気モーターで走行する「ＥＶ」、充電優先の「チャージ」の３つ。つまりノーマルモードでは蓄えた電気が無くなってからエンジンを始動して発電を開始するわけではなく、速度が高まった時などには自動的に始動して適宜、発電を行っている。

ロータリーエンジンの存在感は普段は強くはないが、チャージモードでは、やや騒々しいところも。一方、全開加速時にはバッテリーから電気を持ち出すだけでなく発電のためにエンジンも加勢する。この時にはロータリーの息吹が堪能できるというマニアックな仕掛けも、実は施されているのだ。

尚、電動モデルらしくスマートフォンアプリを利用して充電状態などを手元でチェックできたり、荷室に１５００Ｗ、前席に１５０ＷのＡＣ電源を用意してＶ２Ｌにも対応する。可搬型外部給電器を用いれば最大４５００Ｗの給電も可能。屋外電源として、あるいは災害時の電源として活かすこともできる。

価格はエントリーグレードで４２３万５０００円。ＥＶモデルが４５１万円からだから、絶妙な設定だ。ＥＶモデルの方が電気自動車として長い距離を走行できるが、価格がそれを下回り、よりフレキシブルに使えるロータリーＥＶの方が間口は広い。

更に言えば、機構的な面白さだったりロマンみたいなものでも、こちらに惹かれるという人は少なからず居るかもしれない。ともあれ、マツダらしいというかマツダにしかできない電動車の登場である。

▶MX-30 ロータリー EV

●4395mm×1795mm×1595mm/2655mm/1780kg●830cc, ロータリーエンジン, 72PS/4500rpm, 11.4kgm/4500rpm, モーター:交流同期電動機, 125kW(170PS)/9000rpm, 26.5kgm/0-4481rpm, 電池容量: 17.8kWh, EVモード航続距離:107km●固定ギア比●FF●423.5万～478.5万円

アリア
深刻な供給遅れ。走りと使い勝手も要改善だ
日産

日産のＢＥＶ戦略の柱となるべきクルマだったというのにデリバリーが遅れに遅れたアリア。もっとも注目度が高く、おそらくはアーリーアダプターたちが何より望んだはずの大容量バッテリーと2モーターを組み合わせたＢ９ｅ－４ＯＲＣＥがユーザーの手元に渡り始めたのは、２０２３年も中盤になろうかという頃だった。辛抱強く待たれていた方にとっては、まさに待望の瞬間だったに違いない。

私も、試乗の機会を楽しみにしていたＢ９ｅ－４ＯＲＣＥ、このタイミングでようやくステアリングを握ることができた。昨年版に記した通り、Ｂ６では特にリアが跳ねてしまう乗り心地が、リアモーターが積まれバッテリー容量も大きいＢ９ｅ－４ＯＲＣＥでどう変化するかが気になっていたのだが、結論から言えば、あまり大きな違いはなかった。

長距離移動では常に上下に揺さぶられる乗り心地に加えて、ｅ－ペダルは加減速の中間の領域が狭く、右足を少し緩めただけでつんのめるほど強い減速Ｇに見舞われること、操舵から旋回までの流れの一体感の薄さなど、色々と気になってしまった。

他にも、雰囲気の良い日本風のドア照明が、夜間には眩しすぎて周囲のスイッチを見つけにくいだとか、ドライブモードやｅ－ペダルの切り替えスイッチが、必ず目線を落とす必要があるだとか、リアルワールドでしっかりテストしていれば、こうはならなかったのではという部分が散見されもした。コンセプトはいいのだが、やや詰めが甘い。

ワンモーションで描き出されたクロスオーバーＳＵＶのフォルムに大径タイヤ、そして日本的な繊細さとハイテク感を融合させたディテールを組み合わせた日産アリアのデザインは、最初にプロトタイプを見てからそれなりの月日を経ているはずなのに、今も出会う度、つい視線が向いてしまう。願わくば、それに相応しい、走りも使い勝手も含めたトータルでの質、極めて欲しいところである。

▶アリア

●4595mm×1850mm×1655（1665）mm/2775mm/1920kg●モーター:交流同期電動機，160kW（218PS）/5950-13000rpm，30.6kgm/0-4392rpm，電池容量:66kWh，航続距離:470km●固定ギア比●FF●539万円

bZ4X ……トヨタ／ソルテラ……スバル

改良され一般販売が開始に。販売は好転するか？

２０２３年４月にｂＺ４Ｘとソルテラがアップデートを行なった。１日２回程度が限度だった急速でフル充電できる回数が倍増し、航続可能距離表示に持たせていたバッファが削られ実際の数値に近づき、バッテリー残量がパーセント表示もされるようになるなど、小さくしかし大きな変更だ。

最初の試乗時、予想外に電力消費が早く、航続可能距離表示がヒト桁数字になって大いに焦ったのを思い出した。しかしこの時、実際にはまだ50㎞くらい走れたわけだ。どっちがユーザーにとっては親切だったのだろう？

11月には遂に一般販売が解禁になった。低外気温時の充電時間短縮、空調省電力化などきめ細かな変更が施された。ソルテラだけはステアリングも異型に。おそらくｂＺ４Ｘには将来、ステアバイワイヤが付くのだろう。さて、販売は好転するだろうか？

▶bZ4X

●4690mm×1860mm×1650mm/2850mm/1900～2010kg●①フロントモーター:交流同期電動機, 150kW(203.9PS), 27.1kgm, 電池容量:71.4kWh, 航続距離:559～567km②フロントモーター・リアモータともに:80kW(109PS), 17.2kgm, 電池容量:71.4kWh, 航続距離:540～551km●固定ギア比●FF/4WD●550万～650万円

RZ　レクサス

走り・乗り心地◎。ステアバイワイヤに期待募る

2035年の完全BEVブランド化を目指すと公言しているレクサス。ジャパンモビリティショーではきわめて斬新なデザインをまとったLF－ZCを出展して、その意気込みを示した。

既存モデルのオーナーに対して、BEVに関する一番の不安点である充電に関して手厚いサービスを設定したレクサス・エレクトリファイド・プログラムの提供も始まった。レクサスは本気である。

そうしたブランドの向かうその方向性に間違いは無い。そう思わせるのが現在のレクサスのBEVラインナップの主力であるRZの高い完成度だ。常々レクサスが標榜している「すっきりとしていて奥深い走り」をもっとも高いレベルで具現化しているのは、このRZだと言っていい。

アイデンティティとしてきたスピンドルをグリルではなくボディ全体の表現として用いた、ワイドで背の低いSUVフォルムは、カタマリとしての強さがある。私が気に入ったのは欧州での試乗会で出会ったブラックのボディカラー。若干、煩雑と思えるディテールが目立たず、精悍な印象が強まる。

ダッシュボード中央に大型ディスプレイが置かれたインテリアの雰囲気は、最近のレクサス車に共通のもの。レザーフリー素材の採用、間接照明のイルミネーションなどが先進感に繋がっている。

特筆すべきは長いホイールベースを活かした後席足元の広さだ。とりわけ調光機能付きガラスを使ったパノラマルーフ装着車の開放感は魅力的。コクピット感覚の前席とは正反対と言える、リラックスできる空間である。

e－TNGAプラットフォームはトヨタbZ4Xも使っているものだが、RZはレクサスらしい走りを具現化させるべく車体の強化、軽量化を徹底している。まず登場したRZ450eは前後2モーターを搭載。その出力はフロント150kW、リア80kWで、前後駆動力配分を100：0～0：100まで自在

に変化させる「ＤＩＲＥＣＴ４」により制御される。冒頭に記した通り、その走りは静かで滑らか、そしてスッキリとした感触で、そうそうこれこそがレクサスだよなと思わせる。動力性能は十分に高いが、それをひけらかすようにダッシュ力が強調されるようなことはなく、レスポンスや加速感はあくまでナチュラルである。

静粛性は他のＢＥＶを知る人も、きっと感心させられるに違いない。ＢＥＶだから自動的に静かになるわけではなく、高いボディ剛性や、フード開口部全周へシールを巡らせサイドにアコースティックガラスを採用するなどの遮音の徹底もあって、その静けさは実現できている。この辺りはレクサスとしては、得意科目と言ってもいいはずだ。

乗り心地も非常に良好。20インチタイヤ装着車でも、しなやかさが際立つ。18インチの方がいいかと思いきや、柔らかすぎると感じられるほどで、ベストマッチングなのは20インチと言っておく。

ハンドリングも素晴らしい。こちらもとにかくリニアでナチュラル。意のままになる、まるでひと筆書きのような走りだ。実はテストの際には、ＤＩＲＥＣＴ４のオン／オフを切り替えて試すこともでき、その効果が想像以上であることを実感した。リアモーターの方が出力は小さく、ＦＲ的に動くというわけではないのだが、それでもナチュラルなフットワークに大いに貢献していたわけである。

昨年版でも触れたステアバイワイヤ仕様はまだ登場に至らないが、実は自然なフィーリングを目指して開発が続けられていた。テストした最新版は、ごく普通に扱えて違和感無し。それどころか、通常のステアリングの車両に乗り換えたら、操作量が大きく回すのが慌ただしくて、もはやこちらには戻れないなと感じられてしまった。独自の先進イメージのアピールにもなる。早期の設定に期待したい。

先日改良が行なわれ、航続距離５９９㎞を実現した前輪駆動のＲＺ３００ｅも追加された。また全車には急速充電時間の改善という改良も行なわれている。航続距離が不安という人はこの手もアリだ。

▶RZ

●4805mm×1895mm×1635mm/2850mm/1990～2100kg●フロントモーター:交流同期電動機，150kW（203.9PS），27.1kgm（リアモーター:交流同期電動機，80kW（109PS），17.2kgm），電池容量:71.4kWh，航続距離:599（494）km●固定ギア比●FF/4WD●820万～880万円

MIRAI……トヨタ

スポーティ方向へ進化する？ 今後の展開に期待

クロスオーバーへと変革を遂げたクラウンにまさかのセダンが追加され、しかも燃料電池自動車が設定されたことで、気になるのはＭＩＲＡＩは一体どうなるのか、どうするのかである。もちろん、それは開発陣も思いを巡らせているようで、ひとつの提案として示されたのが、その名もＭＩＲＡＩスポーツコンセプトである（ＱＲコードより動画参照）。

最初は5月の富士24時間レースの会場で、続いてアップデート版が9月のＷＥＣ富士6時間レースの会場で発表されたモデルは、いずれも精悍なデザインの前後バンパーを採用し、前後フードはＣＦＲＰ製に。足元には21インチホイールを履き、車高も下げられている。元々クーペ風のスポーティなフォルムをまとうＭＩＲＡＩだけに違和感はない。

中身も結構攻めている。元々は後輪の前後とセンタートンネル内に搭載される高圧水素タンクのうち１本を降ろすことで、約１００kgの軽量化を実現。そもそも航続距離は８５０kmに達するだけに、３分の２になっても…という発想は大胆だ。ＦＣスタックも最高出力が１２８kW（１７４PS）から１３５kW（１８４PS）に高められている。動力性能も運動性能も、大きく向上していることは間違いない。

せっかく今のトヨタではもはや希少なＦＲレイアウトを採るだけに、気持ち良い走りには期待したい。一方で、こうしたド真ん中のスポーツ路線だけが生きる道ではないとも思う。昨年版で私は、最先端の技術と今の時代のカッコ良さを身につけたモデルに進化してほしいと書いた。量販トヨタ車では試せないような斬新なインフォテインメントシステムを使ってみるとか、内外装に再生素材をフル活用してみるとか、例えばそういう話である。

車名の通り、まさにクルマの未来に期待したくなるような存在へ。官公庁云々はクラウンに任せられるようになったことだし、のびのびと自分の個性を主張するＭＩＲＡＩが見てみたい。

▶MIRAI

●4975m×1885mm×1470mm/2920mm/1920〜1990kg●燃料電池スタック:固体高分子形, 128kW(174PS), 燃料:圧縮水素, タンク容量:141L, モーター:交流同期電動機, 134kW(182PS)/6940rpm, 30.6kgm/0-3267rpm, 航続距離:850(750)km●固定ギア比●後輪駆動●726.1万〜861万円

カテゴリー総評

考慮すべき要素多く、クルマ選びが難しくも面白い

「ＢＥＶ・ＦＣＥＶ」

日産リーフ、そしてサクラの値上げには驚いたが、特にリーフの場合、いきなり１００万円以上も高くなったのは大容量バッテリーを積んだ上級グレードだけであり、エントリーに近いモデルについて言うならば、昨今の他車の価格の改定ぶりを見ても、あるいは補助金などを考えても、そこまで騒ぐことではない、とも言えるのかもしれない。

上級のＢＥＶが欲しい人はアリアに流れてほしいという思いからのことかとも思ったが、実はそのアリアも納期長期化の問題は解決されていない。エントリーのＢ６ ２ＷＤはじめ受注停止の状況が続いており、他のグレードも含めて、正確な納期はまだ見えてこないまま。みすみす商機を逃してしまっている。

ちなみに２０２３年秋、初の大掛かりなマイナーチェンジを行なったテスラ・モデル3は、ウェブサイトを見る限りこの11月に頼んで納車は最短で12月。最遅でも3月とそんなにかからない。

現状を鑑みるに、もし自分がこの立場のユーザーだったら、おそらくモデル3を購入すると思う。価格はＲＷＤモデルで５６１万３０００円。航続距離は５７３kmである。アリアはクルマをユーザーに納められないでいるうちに型遅れになってきてしまった感がある。これは由々しき事態ではないだろうか。

あるいは遂に一般販売が始まったトヨタbＺ４Ｘを選ぶ手もあるかもしれない。価格は５５０万円からと、まさしくこのレンジに入っている。

いや、まだ別の手があった。クラウン・セダンＦＣＥＶは車両価格８３０万円ながら、国からのＣＥＶ補助金で７００万円を下回り、例えば東京都ならば、更に１２０万円マイナスになる。上記のＢＥＶも補助金が付くとは言え、少し上に視野を広げればこれも競合すると言えそうだ。

クルマとしての質はあらゆる面で優れるクラウン・セダンだけに、水素充填にさほど困らないユーザーにとっては、この手もアリだろう。いやはや、クルマ選びの面白さである。

レヴォーグ／レヴォーグ・レイバック……スバル

レイバックの乗り心地、一発で気に入った

レヴォーグが改良を受けて、スバルユーザー的に言えば〝D型〟へと進化した。見た目、走りに変わりはないが、変更内容は過去最大級と言ってもいい。

広角単眼カメラを追加したアイサイト、トップビューモニターの設定をはじめとするインフォテインメントシステムの進化など、先にクロストレックに採用された機能の横展開が中心。目玉となるようなものはないが、あれば便利だったり快適だったりというものばかりである。

現行レヴォーグも、デビューから3年が経過した。この内容だとあるいは現行初期型、要するにA型からD型へと乗り換える人も出てくるかもしれない。大きなニュースは新ラインナップの設定である。その名はレヴォーグ・レイバックだ。

概要をざっくり言えば、レヴォーグの車高を上げて大径タイヤを履かせ、ＳＵＶテイストで仕立てたモデルである。そう言うとレガシィ・アウトバックが思い浮かぶが、スバルが言うにはレイバックが目指したのはそれとは違った方向性だという。

スバルにはこのアウトバックはじめフォレスター、クロストレックなど、アウトドアを想起させるＳＵＶあるいはクロスオーバーと括られるモデルがいくつもある。けれど考えてみれば、このカテゴリーの今どきの主流は、そこまで土の匂いのしない都会派。つまりスバルには、リーチできていない市場があったわけで、レイバックはここに食い込むことを狙った1台と言える。簡潔に言えば、トヨタ・ハリアーを仮想敵と見据えたモデルというわけだ。

専用の前後バンパー、グリル、サイドスカート、そしてクラッディングと呼ばれる樹脂パーツなどをまとった外観は、レヴォーグに対して大きく豊かな面で魅せるイメージ。２２５／55R18サイズに大径化したオールシーズンタイヤを履き、リフトアップにより最低地上高を55㎜プラスの２００㎜まで引き上げている。この２００㎜という数字は、スバルが

ＳＵＶと定義するための最低基準だという。

インテリアも小洒落ている。メインカラーはアッシュで、そこにカッパーのステッチングを施す。見た目だけ変えたのではなく、フロントシートはサイドサポートを強化。車高アップに対応させている。

発売前のレイバックを、封鎖した公道で少しだけ試すことができた。パワートレインは１・８Ｌターボエンジンと ＣＶＴの組み合わせで、２・４Ｌは用意されない。スペックはレヴォーグと変わらないので、走りの印象もその点に於いては共通である。

違いが如実なのが乗り心地だ。舗装が荒れ、路面がうねったワインディングロードで、レイバックはサスペンションをしなやかに動かしてタイヤをぴったりと接地させる。レヴォーグの路面を鷲掴みにする感じとは異なる、大人っぽいロードホールディングを一発で気に入ってしまった。

車高を上げたことでサスペンションのストローク量が増えているのだが、それだけだと挙動が不安定になるのでダンパーはリバウンドスプリング付きとされている。ストロークが伸びきる手前で第二のバネが効いて、伸びを抑えてくれるのだ。しかしながら、良いのはこうしたハードウェアだけではなく、その躾けであることは間違いない。

静粛性もレベルアップしているようだ。訊けば、標準としたオールシーズンタイヤのおかげなのだという。また、こちらも標準装備のｈａｒｍａｎ／ｋａｒｄｏｎサウンドシステムの音場の作り込みも、余計なノイズを抑えることに繋がったのだそうだ。

生活圏はあくまで都市だけれど、高い実用性はもちろん、思い立ったらすぐどこにでも走っていける機動力もほしいという都会派クロスオーバー／ＳＵＶユーザーのニーズに、スバルとして持てる材料で応えようとしたのが、このレヴォーグ・レイバックである。「ゆったり寛ぐ」という意味合いの「ｌａｉｄｂａｃｋ」が語源の車名は少々ピンと来ない感もあるが、もし私がレヴォーグに乗るなら、きっとコレにするだろう。都会派というか、まさにちょっとリラックスしたレヴォーグである。

▶レヴォーグ

●4755mm×1795mm×1500mm/2670mm/1570～1640kg●①1795cc，水平対向4DOHCターボ，177PS/5200-5600rpm，30.6kgm/1600-3600rpm②2387cc，水平対向4DOHCターボ，275PS/5600rpm，38.2kgm/2000-4800rpm●CVT●4WD●363万～502.7万円

▶レヴォーグ・レイバック

●4770mm×1820mm×1570mm/2670mm/1600kg●1795cc，水平対向4DOHCターボ，177PS/5200-5600rpm，30.6kgm/1600-3600rpm●CVT●4WD●399.3万円

レガシィ・アウトバック……スバル

改良で安全性さらに向上。今期もイチ推しだ

乗る人のアクティヴな暮らしを豊かに彩る存在。昨年版でこんな風に書いたレガシィ・アウトバックは、実際に街中で見ても、雪山で出会っても、実にイイ感じを醸し出している。車高は高く、バンパーガードやクラッディングパネルなどで力強さがアピールされている一方で、ベースはルーフの低いワゴンだというのがスマートで、今どきのＳＵＶブームには目もくれない、自分の感覚を信じた感じを演出していて、まさにクルマがオーナーを引き立てているなと思うのだ。

そんな余裕は走りっぷりからも感じられる。１・８Ｌ直噴ターボエンジンとＣＶＴ、フルタイムＡＷＤを組み合わせたパワートレインは、アクセル操作に対してスムーズに力が湧き出て、ボクサーらしい上質な吹け上がりで魅了する。

力はあるけれど、ひけらかさない。北米向けの２・４Ｌターボが欲しいなと思わないことはないけれど、これでも満足感は十分に高い。

地上高がしっかり取られていて、乗り心地は大人びた印象と言える。おかげで多少の悪路など気にしないでいいにもかかわらず、高速走行も姿勢がぴたっと安定していて頼り甲斐があるのも嬉しい。フルタイムＡＷＤの安心感も相まって、長距離を行くのが心地よい。雨だろうが雪だろうが、関係無いという感じで臆せず出掛けられるクルマだ。

２０２３年９月に行なわれた改良で、アイサイトが新世代になりスマートリアビューミラーが備わるなど自慢の安全性が更に向上しているし、インフォテインメントシステムや快適装備の充実も図られている。リミテッドＥＸの本革シート装着車にシートベンチレーションが装備されたのも、地味だがとても嬉しい改良だ。

輸入車がどんどん値上げしていることもあり、リーズナブルさも際立つレガシィ・アウトバック。やはりイチ推しの１台である。

▶レガシィ・アウトバック

●4870mm×1875mm×1675(1670)/2745mm/1680～1690kg●1795cc, 水平対向4DOHCターボ, 177PS/5200-5600rpm, 30.6kgm/1600-3600rpm●CVT●4WD●425.7万～451万円

新型アコード……ホンダ

フラッグシップとして登場する新型だが…

実は現行アコードは、２０２３年1月にひっそりと販売を終了していたという。11代目となる新型、２０２４年春の発売となる。フードの長さを演出するべく全長が伸ばされ、ハイブリッドシステムは最新型に。そして何よりＧｏｏｇｌｅの車載ＯＳが本格的に導入される。

先代は60代前後のコアなホンダファンには支持されたが、40~50代の販売比率が減少したという。彼らにデザイン、そしてインフォテインメントでアピールしたいというわけである。

しかし本当にそれなりの価格帯のホンダ車をもっと多く売ろうというならば、タイ製ではないのではないか。品質云々という話ではなく、それなりにお金を出せる、出したい層には、フラッグシップがタイ製って…という思いは正直、あるはず。いっそＵＳアコード〝逆輸入〟の方が良い気がするのだ。

▶新型アコード

●4962mm×1862mm×1449mm/2828mm/1560〜1606kg●1993cc、直4DOHC、147PS/6100rpm、18.6kgm/4500rpm、モーター:交流同期電動機、135kW(184PS)/5000-8000rpm、34.2kgm●CVT●FF●--万円

※タイ版の値

ＥＳ……レクサス

古びてきた。大幅なアップデート必要では

レクサスの世界販売のうち多い時には３分の１を占める時もある非常に重要なモデルであるＥＳだが、ここに来て特に中国市場で台数を大きく落としているという。正直に言うと、それを聞いてもあまり驚きはない。インフォテインメントシステムを見ても、あるいはパワートレインを見ても、ユーザーにとってはきっと、とても古いものに見えているのだろう。

別にそれは中国のユーザーだけにとっての話ではないはずだ。以前、私もＥＳの持つラグジュアリー感はそろそろアップデートさせたいと書いた記憶がある。ここに来て一気に置いていかれてしまった。

ＢＥＶ時代に向けて、既存のモデルはできるだけフルチェンジではなく改良を加えながら生き長らえさせていくのが今のレクサスの戦略だ。ＥＳ、相当手を入れなければいけないんじゃないかというのが率直な印象である。

▶ES

●4975mm×1865mm×1445mm/2870mm/1670〜1720kg●2487cc, 直4DOHC, 178PS/5700rpm, 22.5kgm/3600-5200rpm, モーター:交流同期電動機, 88kW(120PS), 20.6kgm●CVT●FF●602万〜718万円

IS

V8版は入手困難に。V6版もオススメだ

レクサス

２０２２年に登場したＶ型８気筒５・０Ｌ自然吸気エンジンを搭載するモデル、ＩＳ５００〝Ｆスポーツ・パフォーマンス〟は、５００台のファーストエディションがすぐさま売り切れ、その余波もあって通常モデルもオーダーが殺到。カタログモデルではあるけれど、手に入れるのは難しい存在になってしまった。

だから言うわけではないが、ＩＳは他のグレードも等しく、気持ち良い走りを楽しめる。私のお気に入りはＩＳ３５０〝Ｆスポーツ〟。その心臓、２ＧＲ－ＦＫＳユニットは名機との誉れ高く、爽快な吹け上がりと一体感あるレスポンスを楽しめる。

エンジンもシャシーもオールドスクールと言われるかもしれないが、そこにあるのは普遍的な快感だと言いたい。こちらはウェブサイトを見ると納期２・５ヵ月とのこと。この手もアリだ。

▶IS

●4710mm×1840mm×1435（1440）mm/2800mm/1640～1780kg●①2493cc, 直4DOHC, 178PS/6600rpm, 22.5kgm/4200-4800rpm, モーター:交流同期電動機, 105kW（143PS）, 30.6kgm②4968cc, V8DOHC, 481PS/7100rpm, 54.6kgm/4800rpm③3456cc, V6DOHC, 318PS/6600rpm, 38.7kgm/4800rpm④1998cc, 直4DOHCターボ, 245PS/5200-5800rpm, 35.7kgm/1650-4400rpm●8AT/CVT●FR/4WD●481万～850万円

スカイライン……日産

純内燃エンジンのスカイライン「最後の花道」か

もうすぐ現行のＶ37型スカイラインの登場から10年というタイミングで、新グレードとしてスカイラインＮＩＳＭＯが加わった。何で今？　と思うところだが、普通に考えればこれが花道ということだろう。それも単に現行型スカイラインのというだけでなく、ピュアな内燃エンジン車のスカイラインの、である。

何しろ、エアロパーツを装着した外観で目をひくのは、フェンダーに付けられた〝ＧＴ〟赤バッジである。実はサイドシルからリアバンパーにかけての形状も、これまた懐かしのサーフィンラインがモチーフだという。しかも開発は、Ｒ32を生み出した80年代のＰ９１０、つまり「90年代にハンドリング世界一を目指す」活動のメンバーが関わっているというのだから、往年のファンならむせび泣きといったところだろう。

４００Ｒが積むＶ型６気筒３・０Ｌツインターボユニットをベースに、最高出力を４２０PSに、最大トルクを56・１kgmにまで高めたエンジンは、スーパーＧＴ用エンジンを手掛けた技術者によるものだという。ボディはウインドウの取り付けに高剛性接着剤を使うことで剛性アップを図り、強化されたブレーキに合わせてＡＢＳ、ＴＣＳ、ＶＤＣの設定まで変更するなど、さすがメーカー謹製ならではのきめ細やかなチューニングが行なわれている。手が入れられていないところは皆無と言ってもいい。

実際に乗っても、これがとても気持ちの良いクルマに仕上がっていた。元々、低回転域からレスポンスに優れたエンジンはトルクの厚みが格段に増していて、とにかく走らせやすい。

特にいいのが高速巡航。１００km／ｈ走行時のエンジン回転数はざっと１８００rpm辺りなのだが、ここから加速しようと右足に軽く力を込めただけで、即座にトルクが立ち上がって速度が伸びていく。ここでキックダウンせず、ギアはそのままというのが

Ride Now

ポイント。とてつもない余裕が、リラックスしたツーリングを可能にしてくれるのだ。

低回転域があまりに力感豊かなものだから、トップエンドでのパワーの伸びはそこそこというくらい。それでも、マルチシリンダーエンジンを７０００rpmオーバーまで引っ張って走らせていて、楽しくないわけがない。

フットワークも気持ちの良い仕上がりである。まずは乗り心地が快適。しっかりとしたボディを土台に、サスペンションがよく動いている。柔らかすぎることはない、ＧＴらしい引き締まった感触だ。

特にＳＰＯＲＴモードに入れると、ツーリングカーがスポーツカーに変身するかのように走りが引き締まり、ＤＡＳ（ダイレクトアダプティブステアリング）特有のインフォメーションの薄さはあるものの、軽快にコーナーに入っていくことができる。

そしてコーナー出口に向けては、ワイド化されたリアタイヤのおかげもあってパワーとトルクを持て余すことなく、ＦＲらしいリアから押し出すような加速感を愉しむことができるという具合。何か特別というよりは、すべての挙動の繋がりが良く、対話がしやすいので、自然と速いペースを維持しやすい。そんな印象である。

まさしくＲ32型スカイラインもそうだったなと、おぼろげな記憶が甦った。ＧＴのバッジの通り、瞬発力的な加速やコーナリングよりも、延々連続するコーナーをなぞっていくのが楽しい、飽きない。そんな走りの、集大成と言っていいかもしれない。

もしも次のスカイラインがあるならば、間違いなく電動化されたモデルになるだろう。ｅ－ＰＯＷＥＲのようなものになるのか、それともＢＥＶになるのかは分からないが、スカイラインを作りたくて入社したという人が未だ数多く残る日産だけに、間違ったものを作ってくることは無いはずだ。個人的には、それもとても楽しみだが、一方で敢えて今、このスカイラインＮＩＳＭＯのようなクルマを選ぶのも大いにアリだと思う。きっと長く付き合える1台になると思う。

▶スカイライン

●4810(4835)mm×1820mm×1440mm/2850mm/1700～1760kg●①2997cc, V6DOHCターボ, 304(405)PS/6400rpm, 40.8(48.4)kgm/1600-5200rpm②2997cc, V6DOHCターボ, 420PS/6400rpm, 56.1kgm/2800-4400rpm●7AT●FR●456.9万～948万円
※写真はスカイラインNISMO

ＬＳ　レクサス

またも改良！　粘り強いセダン追究、続けてほしい

　２０２２年10月に一部改良されたＬＳの、いよいよ完成と言えそうな乗り味の話をしようと思ったら、何と２０２３年10月にＬＳ、またも走りを進化させてきた。内容を見ると、ボディ剛性の強化にはじまりサスペンション締結の高精度化、排気管サポートゴムの角度見直しなど、興味深い変更が為されている。今度久しぶりにじっくり乗りたいと思っているが、『２０２５年版間違いだらけ』が出る頃には、また更に手が入れられているのだろうか？

　ジャパンモビリティショーでお披露目されたＬＦ－ＺＬは、将来のフラッグシップの提案だという。確かに高級セダンに需要があるのは今や日本、韓国、中国など一部で、主流はＳＵＶやＭＰＶとなりつつある昨今だが、私としては巡り巡ってセダンに再度、視線が注がれる日が来る気もしないではない。ＬＳという伝統、簡単に諦めてはいけないよと思うのだ。

LS

●5235mm×1900mm×1450（1460）mm/3125mm/2130～2400kg●①3456cc, V6DOHC, 299PS/6600rpm, 36.3kgm/5100rpm, モーター:交流同期電動機, 132kW（180PS）, 30.6kgm②3444cc, V6DOHCターボ, 422PS/6000rpm, 61.2kgm/1600-4800rpm●10AT/CVT●FR/4WD●1094万～1799万円

セダン市場縮小続くが、見直されるのではないか

［セダン・ワゴン２］

トヨタ・カムリの国内販売終了というニュースには一瞬驚いたが、まあそれも時代の流れだろう。セリカ・カムリとしてデビューしたのが１９８０年。２代目以降はＦＦならではの広さを売りにしたかと思えば上級路線に走ったり、そうしているうちに北米でベストセラーになったりと変遷し続け、大スターの座を射止めるには至らない存在だったが、無くなるのはやはり寂しい。

　思えば我が家では2代目カムリを愛用していて、私は幼き日々、その後席に慣れ親しんでいたのだった。記憶はかすかだが、少しだけ思い入れのある存在なのだ。

　それにしても、２０１７年の現行モデルの登場時には、同時にＳＡＩが廃止となり中型セダンはカムリに集約されるという話だった。それが、たった1世代でまさかカムリまで去ることになるとは……。

　それだけ今のセダン市場が縮小しているということだが、北米では依然としてこのカムリと熱い戦いを繰り広げているホンダ・アコードは、何と新型が導入される。おそらくホンダも、まさかカムリが居なくなるとは思っていなかったに違いない。

　車種評には入りきらなかったが、改良を受けたマツダ6は基本設計こそ古いながらも改めてセダンならではの歓びを味わわせてくれた。アコードも通を唸らせる仕上がりになっていることを願いたい。

　一方で、レクサスＩＳ５００〝Ｆスポーツ・パフォーマンス〟や、日産スカイラインＮＩＳＭＯなどのスポーツセダンはホットな話題となった。こういうクルマはこれが最後かもしれないという思いが駆り立てているところもあるのは間違いないが、需要は決して無いわけではない、とも言っていいはずだ。

　ＢＥＶは空力が大事。またエンジンが無いぶん室内空間を確保しやすくなる。そう考えると、いずれセダンが見直されるのではないかと最近改めて思っているのだが、さてどうだろうか。まだまだセダンからは、目を離すべきではなさそうである。

軽自動車概論

絶対王者とその好敵手がそろってフルチェンジ

2022年まで何と8年連続で軽自動車の車名別新車販売台数ランキング1位を獲得し、昨年は登録車も含めた台数でも2年ぶりのトップとなった**ホンダN－BOX**。上半期のぶっちぎりぶりからすれば、おそらく両方の記録ともに2023年も安泰だろう。その人気は凄まじいものがある。

軽自動車で今年一番のトピックが、そんなN－BOXのフルモデルチェンジだったわけだが、最初にその情報に触れた時には、そのあまりの〝変わらなさ〟に面食らった。外観の基本デザインはほぼ変わらず。詳しくない人にとっては、新旧を見分けるのはきっと至難の業だろう。いや見た目だけじゃない。新型N－BOXはプラットフォームもパワートレインも基本的にはキャリーオーバーなのだ。

一体、何を変えたかったのか。事前に抱いた訝しい思いは、実際に走らせてみて驚きに変わった。その走りの質の向上ぶり、半端じゃなかったのである。

まず静粛性が格段に高まった。ルーフライニングの基材が変更され、特に「カスタム」には吸音材も追加。フロアカーペットにも遮音層フィルムを追加した効果だ。「これって軽自動車だったよね？」と思わず再確認したくなる。

乗り心地も向上している。サスペンションの動き出しの突っ張り感がなくなり、しっとりしなやかに。何を変えたのかと思いきや、実はサスペンションの締結を、人が乗車して荷重がかかった状態に合わせて行なうようにした〝だけ〟だという。ゴムブッシュの捻れがなくなりスムーズに動いて、結果乗り心地が良くなるわけだ。

フロントのトーイン角を増やしたのも、実はそれと同じこと。人が乗っている時に合わせたセッティングで、本来狙った性能を余さず引き出すのが目的。電動パワーステアリングの制御見直しもあって、ビシッと真っ直ぐ走りを手に入れている。

ターボエンジンを積むカスタムは前後ダンパーの

▶N-BOX ／ N-BOX カスタム

●3395mm×1475mm×1790mm/2520mm/910〜1030kg●①658cc，直3DOHC，58PS/7300rpm，6.6kgm/4800rpm②658cc，直3DOHCターボ，64PS/6000rpm，10.6kgm/2600rpm●CVT●FF●164.9万〜236.3万円

減衰力を変更しているが、違いはそれぐらい。しかし乗った印象は、とてもそれだけとは思えないくらいに洗練されている。

今やファーストカー需要も多い軽自動車。家族４人での帰省なんて使われ方も想定する必要がある。何らか手を打つ必要があったのだろう。そして実際に、それは見事に功を奏していると言っていい。

今回のフルモデルチェンジ、実際にはポール側面衝突試験の基準見直しへの対応が大きな理由で、基本となるパッケージングの見直しはそもそも意図されていなかった。ならばと今回、走りを磨いてきたわけだが、同時にこれまでステアリングホイールの上から見下ろすかたちだったメーター類を通常の位置に戻して視界を広げたり、先進安全装備を充実させたりと、他にも実は細かく手が入れられている。

先代N－BOXも、特に登場当初には軽自動車のスタンダードがまた引き上げられたと思ったものだが、強力なライバルたちの追撃を受けてアドバンテージは徐々に薄れてきていたのも事実だ。特に日産ルークスの、操り甲斐すら感じさせる走りを知った後には、まだ何か出来るはずだよなと感じていたのだが、新型は見事にスタンダードを塗り替えた。

開発メンバーと話している時に〝国民車として〟という言葉が出てきた。実際そういう存在であることは間違いないが、N－BOXは作る側もそれぐらいの気概で臨んでいるというわけだ。

ライバルは新機構多数採用で登場

今や軽自動車の主流であるいわゆるスーパーハイト系のモデルとしてホンダN－BOXに挑んでいるのがダイハツ・タント、そして**スズキ・スペーシア**である。そのスペーシアが6年ぶりのフルモデルチェンジで3代目へと進化した。

新型は全身、細かく作り込まれているなというのが第一印象。スーパーハイト第一弾のパレットはパッとせず、新装開店2モデル目にしてようやく認知されてきたスペーシア。それを土台に今回は、いよいよ大きなジャンプを果たしてきたと言えそうだ。

ボディサイドにリブが入った個性的な外観は、従

▶スペーシア／スペーシアカスタム

●3395mm×1475mm×1785mm/2460mm/850〜960kg●①657cc, 直3DOHC, 49PS/6500rpm, 5.9kgm/5000rpm, モーター:直流同期電動機, 1.9kW(2.6PS)/1500rpm, 4.1kgm/100rpm②658cc, 直3DOHCターボ, 64PS/6000rpm, 10.0kgm/3000rpm, モーター:直流同期電動機, 2.3kW(3.1PS)/1000rpm, 5.1kgm/100rpm●CVT●FF/4WD●153.0万〜219.3万円

▶N-VAN e:

●スペック未公表

来はスーツケースがモチーフとされていたが、新型ではそれがコンテナへと進化。好き嫌いは分かれるかもしれないが、キャラクターが更に強化された。

　見どころは後席で、シート座面の前端に初のマルチユースフラップなるものが備わっている。立てれば座面の上に置いた荷物が前方に滑り落ちないための壁になり、前方に引き延ばせば何とオットマンになる。小さな工夫だが、機能で言えばいかにも軽自動車に相応しく、それでいて軽自動車らしからぬ贅沢感ももたらす、ワザありの装備である。

　走りに関する部分でも、自然吸気エンジンが新型になり、ターボエンジン用含めてＣＶＴもやはり新型に。電動パーキングブレーキの採用は、何とスズキ初だという。ちなみにステアリングヒーターも、やはりスズキ初の装備。更に、デュアルセンサーブレーキサポートⅡと呼ばれる先進安全装備も、やはりスズキ車初搭載となる。カーブ速度抑制機能、車線維持支援機能など、その内容は充実度が高い。

　固めの乗り心地には不満ながら静粛性には驚かされるし、クラストップの燃費も素晴らしい。実はコレ、意外や空力を煮詰めた効果が大きいという。細部に至る使い勝手への工夫、配慮が光る1台だ。

軽商用BEVが近日、一斉登場

　２０２４年の注目は、ひとつは軽商用ＢＥＶである。ホンダはN-VAN e:をすでに公開済みで、春の発売を予定している。スズキ、ダイハツ、トヨタが共同開発した軽商用ＢＥＶのエブリィ、ハイゼットカーゴ、ピクシスバンも２０２３年度に発売と謳っているから（65ページ参照）、ほぼ同時期にお目見えするはずだ。いずれも価格は１００万円台からと言われているから、商用としてはもちろんパーソナルユースとしても注目されそうである。

　そして、後から出たスペーシアの方が先にフルモデルチェンジを行なったということで、スズキ・ワゴンＲにも何らかの動きがあるかもしれない。かつての絶対王者が、この時代にどんなコンセプトを提示してくるかは見もの。いずれにせよ、軽自動車界隈はますます面白くなってきそうだ。

シエンタ

カタチはアレだけど、見事な完成度の1台

トヨタ

今やトヨタ唯一の5ナンバー3列シートミニバンとなったシエンタは、デザインコンシャスだった先代とは違ってスクエアで実直なフォルムをまとう。但し、それを単なる箱にはしないで、角を丸く落として柔らかな雰囲気にしている辺りが、シエンタの〝らしさ〟となっているのだ。

登場当初には、欧州某車に似ているという話が方方でされていたし、実際に開発陣もそれを否定はしなかった。真似たわけではないが、結果として似ているという言い回しで。しかしながら売れれば官軍。２０２３年上半期の販売を見ると、それまでの２・５倍にもなっているヒット車だけに、もはや堂々としたものである。

実直なフォルムの恩恵は室内空間に表れている。特に、開口部の高さが増したスライドドアを開けてエントリーする2列目は、前後方向にも高さにも広くなっていて居心地が良い。3列目は相変わらず緊急用だが、それが不満ならノア／ヴォクシーがあるのだから、これぐらい割り切っていいのだ。折りたたんで2列目の下にしまうと、3列目の存在など忘れてしまう。普段はこうして使う人の方が、きっと多いクルマだ。

ハイブリッドの方があらゆる面で上回るとは言え、1・5Lガソリンエンジン車でも動力性能には不満は無い。高減衰のルーフパネルシーラーを使うことで、室内での音の反響が減り、全体に静けさを増している中では、特に発進直後の3気筒エンジン特有の振動だけは気になるところではあるが、不満はまあそのぐらいである。

乗り心地も良い。サスペンションを必要以上に硬くすることなく、姿勢変化をうまく抑えているので後席の乗員も酔いにくそう。長距離旅行にも十分対応してくれるだろう。

カタチにはやっぱり言いたいことがある。しかしながらクルマとしての完成度は見事な1台だ。

▶シエンタ

●4260mm×1695mm×1695（1715）mm/2750mm/1270〜1420kg●①1490cc，直3DOHC，91PS/5500rpm，12.2kgm/3800-4800rpm，フロントモーター:交流同期電動機，59kW（80PS），14.4kgm（リアモーター:交流誘導電動機，2.2kW（3.0PS），4.5kgm）②1490cc，直3DOHC，120PS/6600rpm，14.8kgm/4800-5200rpm●CVT●FF/4WD●195万〜310.8万円

フリード

次期型そろそろ? 現行車もまだ魅力大 ……… ホンダ

2022年暦年でミニバン新車販売台数1位となったホンダ・フリード。宿敵シエンタがフルモデルチェンジの時期だったとは言え、2016年秋に登場したモデルが未だそれだけの高い人気をキープしているのだから、これはやはり賞賛すべきだろう。

実際、圧倒的な室内の広さは、今見ても強烈な魅力である。3列目シートの収納が跳ね上げ式なのも、ベビーカーを縦積みでき、26インチの自転車も難なく車内に積み込める様を見れば、必然性はある。ファミリーにとっては、一択で選ぶ1台なわけだ。

次期型の話もちらほら聞こえてきて、車体サイズが大きくなるという噂もある。大型化したステップワゴンとの差を考えれば納得できるが、この全長も支持されている要素と考えると悩ましい。N-BOXもそうだが、ホンダは限られたスペースの中で作ることにこそ、力を発揮するという感もあるだけに。

▶フリード

●4265(4295)mm×1695mm×1710(1735)mm/2740mm/1350～1520kg●①1496cc, 直4DOHC, 110PS/6000rpm, 13.7kgm/5000rpm,モーター:交流同期電動機, 22kW(29.5PS)/1313-2000rpm, 16.3kgm/0-1313rpm②1496cc, 直4DOHC, 129PS/6600rpm, 15.6kgm/4600rpm●7AT/CVT●FF/4WD●233.1万～313.9万円

セレナ……………………日産

ユーザーの期待にしっかり応えている

昨年版の時点ではテストコースでの試乗に基づく話を中心に記した通算6世代目の新しい日産セレナ。夏前までにはようやくひと通りのモデルを一般道で試すことができた。テストコースだけでは見えてこなかった部分もある。改めて、印象をお伝えしたい。

新型セレナは改めてファミリー層にしっかり訴求していくべく開発されたという。ずっとそうだったよね？　と言いたくなるが、そのファミリーのかたちは先代の頃、先々代の頃と今では異なっている。

昔ならば、財布の紐を握るママが中心だったところだが、今の時代は家族平等。夫婦共働きが当たり前だし、子供も塾や習い事で忙しく、たまに揃った休日くらいは家族で思い切り楽しみたいというニーズなのだという。運転しても助手席に座っても、もちろん後席に居ても楽しい。それぞれが一緒になって、あるいは好きなことをしていても、車内で過ごす時間を愛しく感じられる。そんな家族観だろうか。以前に較べるとハードルは高そうに思える。

プラットフォームを先代から、いや正確には先々代から踏襲することから、サイズはハイウェイスターでも全幅１７１５㎜、ベース車なら5ナンバー枠に入る１６９５㎜に収まるが、グリルの左右それぞれに縦３連のＬＥＤを配した印象的な顔つき、そのヘッドライトから連なるサイドウインドウの大胆な造形によって、存在感はライバルに決して負けていない。そして乗り込めば、ディスプレイメーターやボタン式シフトセレクターを使ったことでダッシュボード高が下げられて、開放感が更に高まっている。全体にクールな設えだが、故に男女関係なく受け入れられそうな雰囲気と言える。

基本骨格を継承しているものの、元々余裕のあった室内は十分な広さを誇る。従来はフロアに張り出しがあるため実現できなかったｅ－ＰＯＷＥＲの8人乗りが遂に設定されたのがトピックだ。頑張って容量をわずかとは言え増やしてきた荷室には、これ

▶セレナ

●4690(4765)mm×1695(1715)mm×1870(1885,1895)mm/2870mm/1670～1850kg●①1433cc, 直3DOHC, 98PS/5600rpm, 12.5kgm/5600rpm, モーター:交流同期電動機, 120kW(163PS), 32.1kgm②1997cc, 直4DOHC, 150PS/6000rpm, 20.4kgm/4400rpm●CVT●FF/4WD●276.9万～479.8万円

もクラス随一の、ガラス部分だけが別に開くデュアルバックドアが備わる。但し、これのおかげで電動開閉にできないのは、賛否があるだろう。

走りが好印象なのは、やはりｅ－ＰＯＷＥＲだ。発電専用エンジンが１・４Ｌに排気量が増やされたおかげで、加速の立ち上がり、その後の加速には余裕があるし、高負荷域でも息切れしにくくなった。

剛性アップされたエンジンブロック、バランサーシャフト、フレキシブルフライホイールといったアイテムの投入により、エンジンが始動していても騒々しく無いのがいい。ダッシュサイレンサーの容量アップ、フロアの遮音材、フロントウインドウの遮音ガラス採用などにより、クルマ全体としての静粛性も向上しているのだ。

２・０Ｌエンジン車もよく走る。アクセル操作に対する反応がリニアなのが好印象だ。

一方、乗り心地は両車で結構差がある。ｅ－ＰＯＷＥＲは重さが良い方向に効いて、しっとりとした感じが出ているが、ガソリン車は路面からの入力をうまくいなせず、落ち着きが無い。とは言え、いずれもコラム剛性を40％増としたステアリング、リジッド固定のサスペンションメンバーなどによって乗り味はシャキッとしていて、随分古いプラットフォームのはずなのに、案外しっかり走るのである。

更に新設定の最上級版、ルキシオンになると、フロントドアガラスまで遮音タイプとなり、タイヤも銘柄が変わって、より静かで、乗り心地もマイルドになる。１２０㎞／ｈ巡航でもリラックスできる走りと快適性に、高速域でのハンズオフ走行が可能なプロパイロット２・０の組み合わせは、セレナを見事に高速クルーザーに変身させている。

他グレードのｅ－ＰＯＷＥＲとの価格差は確かに大きい。しかし装備の充実ぶりからしても、それだけの価値はあるのがルキシオンである。

このルキシオンを除けば、大きなトピックには乏しい進化かもしれない。しかしながら、すべてがしっかりユーザーの期待に応え、あるいは上回るものになっているのが新型セレナなのだ。

ノア／ヴォクシー……トヨタ

運転支援装備の充実度だけで選んでもいい

先代も販売の多くは全幅の広いエアロ付きモデルだったから、全車3ナンバーサイズになっても大きな違いはない。そういう話ではあったけれども、実際に街を行く新型ノア／ヴォクシーを見ると、やはり立派になったなと思わされる。特に後ろからの眺めは、微妙な差ではあるが確実に体積を増した感じ。たった30㎜程度の話なのだが、見かける頻度の少なくないクルマだけに、何となく気になる。

もっとも、乗り込めばそれだけの恩恵は確かにある。前席に座るとフロントピラーが細身になったこと、水平基調のデザインも相まって広々感がグンと増している。７人乗り仕様では７４５㎜というロングスライドを実現した2列目は、上級グレードではオットマンやシートヒーターも備わる。３列目は不要な時には片手で簡単に収納可能だ。

実績あるＧＡ－Ｃプラットフォームの採用により、走りは大幅なレベルアップを果たしている。しっかり真っ直ぐ走り、不安なく曲がる。一方、乗り心地や騒音、振動の抑えはそこそこというレベルで、シビアなコスト削減を意識させる。もう少し、しっとりとしたタッチが欲しくなる。

ハイブリッドとガソリンエンジンは、いずれも仕上がり良く予算に合わせて選べば良い。注目は充実した運転支援装備だ。特に、リスクを先読みしてステアリング、ブレーキの操作を自然にサポートするプロアクティブドライビングアシスト（ＰＤＡ）は非常に重宝するはず。更に、レーンチェンジアシスト、渋滞時ハンズオフを可能にするアドバンストドライブなども選択できる。

自分だけでなく家族もステアリングを握る機会が多く、遠出に行く頻度も高いクルマと考えれば、これらは贅沢装備などではなく、積極的に選ぶべき装備である。欲しい装備を全部選ぶとかなり高額になってしまうので悩ましいが、これだけでノア／ヴォクシーを選ぶ十分な理由となるはずだ。

▶ノア

●4695mm×1730mm×1895(1925)mm/2850mm/1600～1710kg●①エンジン:1797cc, 直4DOHC, 98PS/5200rpm, 14.5kgm/3600rpm, フロントモーター:交流同期電動機, 70kW(95PS), 18.9kgm(リアモーター:交流同期電動機, 30kW(41PS), 8.6kgm)②1986cc, 直4DOHC, 170PS/6600rpm, 20.6kgm/4900rpm●CVT●FF/4WD●267万～389万円

▶ヴォクシー

●4695mm×1730mm×1895(1925)mm/2850mm/1610～1710kg●①1797cc, 直4DOHC, 98PS/5200rpm, 14.5kgm/3600rpm, フロントモーター:交流同期電動機, 70kW(95PS), 18.9kgm(リアモーター:交流同期電動機, 30kW(41PS), 8.6kgm)②1986cc, 直4DOHC, 170PS/6600rpm, 20.6kgm/4900rpm●CVT●FF/4WD●309万～396万円

ステップワゴン ……… ホンダ

クルマはイイが欲しい装備・機能が無い

シンプルでボクシーなデザインになって、帰ってきた気がしたステップワゴンだが、そんなに見かけないなと思ったら、販売状況は芳しくない。おそらく歴代ワーストの数字である。

デザインは原点に帰ったが、その個性が前面に出たＡＩＲは革巻きステアリングホイールも電動テールゲートもナシというグレード設定は、ユーザーが見えていない気がする。オデッセイが販売終了となった分のサイズアップかと思ったら、そのオデッセイが復活というカオスな事態にもなってしまった。

走る、曲がる、止まるといったクルマの基本部分、乗り心地や静粛性などのレベルは相当高い。プラットフォームは継続使用だが、だからこそより深く作り込めたのだろう。サイズアップを意識させないよう視界の確保も入念に行なわれ、１列目より２列目、２列目より３列目のヒップポイントが高くなるシアタータイプのレイアウトを採用するなど、すべての席の快適性についてもよく配慮されている。

一方で、昨年版にも書いたがリモートパーキングだったりハンズオフ機能付きのＡＣＣだったりという先進装備の類は用意が無い。ミニバンでこそあったら嬉しい装備だと、ノア／ヴォクシーもセレナもユーザーをしっかり見た上で理解しているのだろう。

要するにクルマそのものというよりも企画だったり販売だったりがユーザーに向き合えていないのだ。ステップワゴンがというか、それはホンダがという話かもしれないが、現状は実にもったいない。

私の勝手なアイディアとしては、ＡＩＲを廉価版に留めるつもりならば、逆にもっと削ぎ落とした仕様が欲しい。無塗装の前後バンパーにスチールホイール、簡素な内装のベース車的な仕様である。狙ったファミリーに響かないなら、道具感で若いユーザーや、それこそハイエースをカスタムしている層にアピールしようというわけだ。かつて初代ステップワゴンが、そういう層にも支持されたように。

ステップワゴン

●4800(4830)mm×1750mm×1840(1845,1855)mm/2890mm/1710〜1840kg●①1993cc, 直4DOHC, 145PS/6200rpm, 17.8kgm/3500rpm,モーター:交流同期電動機, 135kW(184PS)/5000-6000rpm, 32.1kgm/0-2000rpm②1496cc, 直4DOHCターボ, 150PS/5500rpm, 20.7kgm/1600-5000rpm●CVT●FF/4WD●305.4万〜391.3万円

3大ミニバンももはや贅沢品になってきた…

［ミニバン］

ミニバンの一番の売れ筋である5ナンバーサイズのトヨタ・ノア／ヴォクシー、日産セレナ、ホンダ・ステップワゴンが2022年、揃って寸法を拡大し、主力を3ナンバーサイズに移した。これまでずっと堪えてきた、モデルチェンジの度に大きく広くしてアピールしたいという思いが遂に抑えきれなくなったのかもしれないが、実際はもはや5ナンバーじゃなくなったら買ってもらえないというほどシビアな市場ではなくなったということでもあると思う。

若いユーザーの視線はシエンタやフリードなどに向く、あるいは向かざるを得ず、市場は徐々に縮んでいて、5ナンバー超えを許さないシビアな奥様も少なくなってというところだろうか。子育て世代の道具としてのクルマという位置づけが大きく変わったわけではないのだろうが、このクラスのミニバンはいつの間にか高価な買い物になってしまって、ある意味で贅沢品というか、趣味の選択というか、そんなものになってしまったのかもしれない。

何しろ、今やクルマから降りた後にリモートで自動駐車させたり、あるいは高速道路でハンズオフ走行ができたりといった装備の充実ぶりなのである。クルマとしてはそれはもう各車良く出来ているのだが、本当にこの方向の進化でいいのかと思わないではない。

その5ナンバーミニバン、シエンタは売れに売れているが、フリードは一向に新型に切り替わらないままだ。それでも売れ行きは安定しているとは言えるが、同じ2モーターハイブリッドが欲しいと考えている潜在ユーザーは少なくないように思う。

とは言っても、芸術的とも言えるそのパッケージングには手を入れるところは多くなく、その意味では新型にすると言っても何をどう新しくすればいいのかというところかもしれない。私としては、それならいっそデザインなどはそのまま、運転環境やパワートレインなどをアップデートするようなモデルチェンジでもいいのではないかと思うのである。

マツダ・ロードスター……………マツダ

大幅改良。先進安全はもちろん、走りも進化

４代目となる現在の〝ＮＤ〟ロードスターが２０１５年のデビュー以来、最大規模の改良を何とこのタイミングで敢行した。内容は、先進安全装備のアップデートやコネクテッドシステムの進化が主なところで、そして走りの面ではＭＴ仕様に減速側のロック率を強めに設定して、減速旋回時のリアの安定性向上に貢献するアシンメトリックＬＳＤの採用、サーキット走行向けの「ＤＳＣ－ＴＲＡＣＫ」を設定したのを筆頭に、１・５Ｌエンジンの出力向上、両エンジンの駆動力制御ロジックの刷新、ステアリングギアの摩擦軽減等々、実に細かく手が入れられている。

一方、内外装の変更は小規模。前後のライト類は外形は変えずに中身のデザインが改められ、ホイールの意匠はソフトトップとＲＦで方向性が分けられた。内装は素材の変更などによりクオリティを向上。ロードスターの持ち味を損なわず、確実に魅力を高める、まさしくお化粧直し程度に留められているのは見識である。

さて、ロードスターと言えば気になるのが電動化の話だ。実はこれについて某所で開発責任者に話を聞くことができたのだが、その答は「まったく着手していない」という潔いものだった。

趣旨はこうだ。今現在、使える技術での電動化は、間違いなくクルマを大きく重くしてしまう。それならば焦ることなく、電動化関連技術の開発が進んで、ロードスターに適したものが生まれた時、初めてそれを考えればいいじゃないかというわけだ。どうだろう？　サイコーじゃないだろうか。

車重をモデル名にした人気の特別仕様車、９９０Ｓは惜しくも廃止となった。しかしながら、同じ趣旨のモデルはいつか用意したいということなので楽しみに待つことにしよう。

残念ながら試乗は間に合わず。しかしながらこの内容、期待を裏切ることはないはずだ。

▶マツダ・ロードスター

●3915mm×1735mm×1235mm/2310mm/990〜1060kg●1496cc,直4DOHC, 132PS/7000rpm, 15.5kgm/4500rpm●6MT/6AT●FR●289.9万〜368万円

GRヤリス ……… トヨタ

受注停止続く…。そろそろマイチェンか

つい先日、雨のサーキットでGRヤリスを楽しんできた。弾けるレスポンスと力強いパワーを生み出す1・6Lターボエンジンに、気持ち良く決まる6速MT、そして何より安心感とコントロール性を見事に両立させたGR－FOURことフルタイム4WDシステムの出来映えは素晴らしく、最初はおっかなびっくり走り出したのに、気づけばしっかり全開にしていたのだった。

つくづく惜しいのは現在もGRヤリス、受注停止の状況が続いていることだ。とはいえ、専用工場であるGRファクトリーでの精緻な生産工程を見ると、おいそれと増産できないのもやむなしである。

そんなGRヤリスも改良が近いと言われている。スーパー耐久で実戦テストを行なった8速スポーツATも、あるいは設定されるかもしれない。その時には普通に注文できるようになるといいのだが。

▶GR ヤリス

●3995mm ×1805mm×1455mm/2560mm/1130〜1280kg●①1618cc，直3DOHCターボ，272PS/6500rpm，37.7kgm/3000-4600rpm②1490cc，直3DOHC，120PS/6600rpm，14.8kgm/4800-5200rpm●6MT/CVT●FF/4WD●265万〜456万円

ＧＲ86 ……… トヨタ／ＢＲＺ ……… スバル

改良でＭＴ車にもアイサイトが付いた！

　ＧＲ86もしくはスバルＢＲＺは、いつか必ず手に入れたいと考えているクルマだ。手頃で、でも決して物足りなくないパワーと、高いコントロール性を持ったシャシーの組み合わせは、ＦＲのピュアな楽しさに満ちていて、とても気に入っている。普段は軽くドライブに使い、たまにミニサーキットなどに持ち込むなんて想像するのが楽しい。

　但し、どちらのモデルにするかは悩ましいと思っていた。ＧＲ86の過敏とも言えるスロットルレスポンスとすぐに流れてしまうリアは、楽しいと言えば楽しいけれど長く楽しむにはどうかなというところだし、ＢＲＺは逆に落ち着きすぎていて普段使いで気分がアガらない感じがする。チューニングという手もあるが、素の状態が良いのに越したことはない。

　そんな2台が登場から約2年で改良を受けた。２０２３年は、ＧＲ86の車名の由来であるＡＥ86のデビューから40周年という節目であり、それを記念した限定車も登場したので、現ハチロクオーナーとしては気になるところだが、改良自体の目玉はＭＴ車にもアイサイトが装備されたことだろう。

　実際に緊急自動ブレーキを試したが、ブレーキ介入して速度が落ちはじめたところで、ＭＴなのでエンジンが停止する可能性があるが、それでも制御はそのまま最後まで維持されるのには感心させられた。要するに、カナリ使えるということだ。

　走りの面ではＧＲ86はＶＳＣの制御が改められ、更にスロットル出力特性の変更が謳われている。あまり好評ではなかったと聞く過敏さが抑えられたなら大いにアリだろう。一方、ＢＲＺにはＳＴＩ　Ｓｐｏｒｔが追加された。インプレッサＳＴＩ　Ｓｐｏｒｔなどで実績ある周波数感応式フロントダンパーの採用ということで、こちらの走りも気になる。

　今すぐ買うわけではなくても、そんなことをアレコレ考えるだけで楽しいのがスポーツカー。早く試してみたいところだ。

▶GR86

●4265mm×1775mm×1280mm/2575mm/1260〜1290kg●2387cc，水平対向4DOHC，235PS/7000rpm，25.5kgm/3700rpm●6MT/6AT●FR●291.6万〜357.4万円

▶BRZ

●4265mm×1775mm×1310mm/2575mm/1260〜1290kg●2387cc，水平対向4DOHC，235PS/7000rpm，25.5kgm/3700rpm●6MT/6AT●FR●330万〜381.7万円

GRカローラ……トヨタ

小改良と再びの抽選販売。抽選なしで買いたい

５ドアハッチバックのカローラ・スポーツに、ＧＲヤリスのものと基本は一緒の直列３気筒１・６Ｌターボエンジンとスポーツ４ＷＤシステムを組み合わせたモデルがＧＲカローラである。実はＧＲヤリスは車体後半にカローラ用シャシーを流用していたからコレ、比較的容易に実現できたのだ。

走りは全体に硬質な仕上がり。本物のレーシングユニットらしい精緻なエンジンの回り方、カチッとしたボディとシャシーの精度の高さは、普通に走らせているだけでも歓びがある。

車重はＧＲヤリスより約２００kgも重いが、走りは決して鈍重ではない。これは発売を先延ばししてまでエンジンパワーを高めたおかげだ。

ホイールベースもトレッドも大きいことから、フットワークは軽快なＧＲヤリスに対して、一層の安定感の下にコントロールを楽しめる味付けである。積極的に滑らせていってアクセルコントロールで立ち上がる走りの魅力は、スポーツ４ＷＤならでは。これは気持ち良い。

部品供給問題などもあり、販売はこれまで2度、抽選で行なわれた。私はハズレたが……という話はいいとして、8月の2度目の販売の際には、シャシーの一部の締結剛性アップ、アーシングの強化等々の小改良が加えられている。操舵感がクリアになり、挙動の繋がりがタイトになり、アクセル操作に対する追従性が高まった。登場時には低速トルクが極端に細く、交差点を2速で回る途中にエンストしたこともあったが、それもほぼ解消されている。

ＧＲのクルマは常に開発が継続していて、進化に終わりが無い。次の展開も楽しみだが、それよりもこういうキャラクターだけに早いところレギュラーモデルになってくれることを願いたい。最初の販売の時に何と50台だけが用意されたモリゾウエディションのようなハードコアなヤツも、またお願いしたいところだ。

▶GR カローラ

●4410mm×1850mm×1480mm/2640mm/1470kg●1618cc，直3DOHCターボ，304PS/6500rpm，37.7kgm/3000-5550rpm●6MT●4WD●525万円

シビック・タイプＲ……………ホンダ

注文殺到で受注停止続く。ニュル最速記録更新

まさか注文殺到で受注停止になるなんて、メーカーも想像していなかったに違いない。新型シビック・タイプＲは、速さだけを追い求めたかつての姿とは異なり、高い日常性をも兼ね備えた存在として位置づけられた先代の成功を受けて、言わばその正常進化型として登場した。ふくよかなリアフェンダーに象徴される洗練されたルックスも、あるいは普段使いもできるというだけでなく、そんな場面でも感じられる質高い走りも評価されているのだろう。

だからって軟弱になってしまったわけではない。２０２３年４月にはニュルブルクリンクでＦＦ車最速タイム更新を発表。実際には欧州仕様の多少軽量化されたものだったというが、登場時に鈴鹿サーキットで走らせた時には、旧型よりは明らかに速く、またその速さを持続できることは経験している。

速さだけでなく走りの質も素晴らしい。２・０ＬＶＴＥＣターボエンジンは全域トルクが詰まっていて、しかも７５００rpmという高回転域まで淀みなく回り切る。６速ＭＴの操作感も小気味良く、とにかくアクセルを踏み、シフトアップしたくなる。

格段に向上したリアの接地感をベースに、フロントが操舵に対して正確無比に切れ込むフットワークにも唸らされるばかり。自由自在に操れるとは、まさにこのことという仕上がりである。

強いて言えば、先代の方が味わいは深かった気はする。新型は機械としての精度、洗練度にひたすら磨きをかけた感じ。隙がなくなったということかもしれないが、ドライではある。操縦性についても同じことが言えて、速さを突き詰めながらも、個性あるいは読後感みたいなものが濃厚だったルノー・メガーヌＲＳとは、その辺りが決定的に異なる。

もっとも、存在する以上は進化していくのがタイプＲだろうから、供給が安定する頃にはまた違った展開もあるだろう。そのためにも、まずは今、待っている方々に少しでも早く行き渡ることを願う。

▶シビック・タイプR

4595mm×1890mm×1405mm/2735mm/1430kg●1995cc，直4DOHCターボ，330PS/6500rpm，42.8kgm/2600-4000rpm●6MT●FF●499.7万円

フェアレディZ……日産

受注停止なのに2024年モデル発表とは…

8月1日にフェアレディZの2024年モデルが発表された。改良は大きなものではないが、高性能版のNISMOの投入は気になる人も多いだろう。

しかしながらZ、登場前の2022年7月からずっと受注の〝一時〟停止が続いたままである。街で走る姿もほとんど見かけない。毎月多くて数百台しか登録されていないのだから当然で、バックオーダーは積み重なったまま。そんな状況で2024年モデルと言われて、困惑している方は多いに違いない。

NISMOについては長期間待っている人のうち希望者は予約を切り替えられるというが、別に納期が早まるわけではない。一体何のために出したのか。

奇跡と言える復活、オールドファッションではあるけれど魅力的な出来映えなど、本当はクルマそのものの話をしたい。しかし現状では、それをしてもしょうがないのがZである。何とかならないものか。

▶フェアレディ Z

●4380(4410)mm×1845(1870)mm×1315mm/2550mm/1570～1680kg●①2997cc, V6DOHCターボ, 405PS/6400rpm, 48.4kgm/1600-5600rpm②2997cc, V6DOHCターボ, 420PS/6400rpm, 53.0kgm/2000-5200rpm●6MT/9AT●FR●539.9万～920万円

GRスープラ……トヨタ

噂のBMWエンジン搭載車、出る?

スーパー耐久などに参戦しているGRスープラのレースカー、GRスープラGT4を味見する機会があった。実はこのGT4マシン、世界中のレースで活躍していて、販売台数は100台を超えている人気車である。

ベース車の切れ味を残したまま高いスタビリティを実現したシャシーと、どこから踏んでも力のみなぎるエンジンは、理想のラインを通れないレース中でもラップタイムを落とさず戦うのに貢献するだろう。とにかく走らせやすく、レースで鍛えるとクルマはここまで進化するのかと再確認した。

量産車ではBMWがM3/M4などに積む珠玉のS58型エンジンを搭載した最高峰モデルの登場が噂されている。ピュアエンジン時代の最後を飾る存在になるかもしれないが、その時にはゼヒ、このレースでの熟成の成果、盛り込んでいてほしいものだ。

▶GR スープラ

●4380mm×1865mm×1295mm/2470mm/1410〜1530kg●①2997cc, 直6DOHC, 387PS/5800rpm, 51.0kgm/1800-5000rpm②1998cc, 直4DOHC, 258(197)PS/5000(4500)rpm, 40.8(32.7)kgm/1550-4400(1450-4200)rpm●6MT/8AT●FR●499.5万〜731.3万円

ＷＲＸ Ｓ４
イマイチ盛り上がりに欠ける…。MT車を!
スバル

２０２３年秋の商品改良でＷＲＸ Ｓ４は進化版アイサイトが備わり、インフォテインメント機能を強化。大型リアスポイラーがオプション設定されるなどしたが、正直言って市場の反応は盛り上がりに欠けている。結局のところＳＴＩの、それはさすがに難しいとしても、せめてＭＴの再設定無しには、従来からの熱いコアなスバルファンを振り向かせるのは難しいだろう。

従来はアイサイトと両立できないからとも説明されていたが、そもそもＳ４にＭＴを用意してきた北米では２０２４年モデルからＭＴ＋アイサイトの設定が始まった。どうしても出来ないのなら、まだ諦めもつくかもしれないが、こういう状況ではファンが納得しないのも仕方が無い。

どうせマニア向け物件なのだ。とことんその声に応えてこそスバルじゃないかと思うのだが。

▶WRX S4

●4670mm×1825mm×1465mm/2675mm/1600〜1610kg●2387cc, 水平対向4DOHCターボ, 275PS/5600rpm, 38.2kgm/2000-4800rpm●CVT●4WD●447.7万〜502.7万円

ＲＣ／ＲＣ Ｆ……………レクサス

弛まぬ進化。ライバル不在で支持持続

レクサスＲＣが世界に向けて初めて公開されたのは、２０１３年の東京モーターショーだったはずである。つまり、ちょうど10年。今や２ドアのスポーツクーペが市場でもニッチな存在であることは間違いないが、ライバル不在ということもあって、ずっと支持され続けている。

もちろん理由はそれだけには留まらない。レクサス車らしい弛むことのない進化も、鮮度がキープされる大きな要因となっているはずだ。現行モデルの登場は２０２２年12月となる。

変更点はマニアック。ホイールの車体への締結に、ワッシャ付きハブボルトが採用された。それに伴ってサスペンションや電動パワーステアリングの制御も改められている。マルチメディアシステム、先進安全装備なども同時にアップデートされた。

パワートレインはＲＣ３００が２・０Ｌターボ、ＲＣ３００ｈがハイブリッド、ＲＣ３５０がＶ型６気筒３・５Ｌ自然吸気ユニットとなる。

そんなＲＣにＶ型８気筒自然吸気エンジンを搭載したのが、現時点では唯一のＦモデルとなっているＲＣ Ｆである。こちらも、基本的な変更内容は共通。最高出力４８１PSを発生する。

実はタイミングが合わず最新モデルにはまだ触れられていない。しかしながらハブボルト締結の採用は先にＩＳ、ＬＣなどで明らかになったように想像以上に走りに磨きをかけているはずだ。

ＲＣ Ｆでは、２０２３年10月に抽選販売された特別仕様車「エンスージアスト」「エモーショナルツーリング」が目をひいた。いずれも高精度チューニングエンジン、リアディファレンシャルが装着され、走りの質を間違いなく高めているからである。

登場の報を聞いて思わず応募しようかと思ったが、価格は１５００万円。おいそれと出せる金額ではないが、珠玉のシャシー性能ともども、今のうちに味わっておきたい１台であることは確かなのだ。

▶RC／RC F

●4700(4710)mm×1840(1845)mm×1395(1390)mm/2730mm/1680〜1770kg●①3456cc, V6DOHC, 318PS/6600rpm, 38.7kgm/4800rpm②2493cc, 直4DOHC, 178PS/6000rpm, 22.5kgm/4200-4800rpm, モーター:交流同期電動機, 105kW(143PS), 30.6kgm③1998cc, 直4DOHCターボ, 245PS/5200-5800rpm, 35.7kgm/1650-4400rpm④4968cc, V8DOHC, 481PS/7100rpm, 54.6kgm/4800rpm●8AT/CVT●FR●581.4万〜1455万円
※写真はRC。

GT-R
クルマ自体はいい。売り方はそれでいいのか？
日産

　可能ならば手に入れたいとも考えていた２０２４年モデルのＧＴ－Ｒだが、正式な発表より前に販売店が独自に上顧客を選んで抽選を行なったりという売り方のおかげで、私には手を挙げるチャンスすら無かった。本社はそれでいいのだろうか。

　それでも、デザイン変更で空力を進化させるなど、きめ細やかに手を入れてきた２０２４年モデルのクルマ自体の出来は素晴らしい。特にＴ－ｓｐｅｃに乗って、かつて重戦車のように思えたクルマが、軽やかな身のこなしで魅了してくるまでに変身を遂げたことには、感慨深いような気持ちになった。

　１・７トンという車重が、今やライバルに対して重過ぎるというものではなくなったということもあるのだろう。適度な姿勢変化でしなやかに路面を捉えるサスペンションがもたらす自在性の高いフットワークも、そんな印象に寄与しているはずだ。

　そしてエンジンである。今回の主眼は、より厳しくなった車外騒音規制への対処であり、そのためマフラーはアイドリング時など明らかに静かなものに変わっていた。

　けれど嬉しいことに単に静かになったのではなく、回すほどに心地よいサウンドを聞かせるようになった。音圧勝負ではなく、粒の揃った回転上昇で魅了する様は「これでもいい」ではなく積極的に「これがいい」と思わせるもの。災い転じてＧＴ－Ｒ、オトナの情感に訴える進化を果たしていたのだ。

　一方、ボディの剛性感だったり当初から課題ではあったギアボックスの制御などは、もはや時代から取り残されつつあると言わざるを得ない。そう実感したのも事実だ。そろそろキレイに幕引きさせてあげる時期なのかもしれない。

　但し、もし続きがあるならば、販売方法はもっと考えるべきだ。Ｚもそうだが、ブランド価値を高めることに繋がらなければ、日産というメーカーがこういうクルマを作り、売ることに意味はない。

▶GT-R

●4710(4700)mm×1895mm×1370mm/2780mm/1720〜1770kg●①3799cc, V6DOHCターボ, 570PS/6800rpm, 65.0kgm/3300-5800rpm②3799cc, V6DOHCターボ, 600PS/6800rpm, 66.5kgm/3600-5600rpm●6DCT●4WD●1375万〜2915万円

LC ……… レクサス

改良で完成形に到達。特別仕様車、買いたかった…

デビューから、まさかもう6年が経つとは信じられない。レクサスＬＣのカッコ良さは未だ一線級。まったく鮮度を落としていないのだからスゴい。

登場以来、最大規模の改良でもこのルックスには手がつけられなかった。正解である。施されたのはボディやソフトトップのカラーバリエーション変更や、室内の大型タッチディスプレイの搭載くらい。

一方、走りについては相当大きく手が入れられた。

一番大きいのは、ホイールがこれまでのハブナット締結から最近のレクサス車が採用しているハブボルト締結へ改められたことだろう。ランフラットではなくノーマルタイヤが標準となり、サスペンションの設定も変更。エンジンマウント変更、ボディ剛性アップなど、細部まで入念に煮詰められている。

結論から言えば、これでＬＣ、ひとつの完成形に至ったんじゃないかと思う。懸案だったリアがビシッとしない感じが遂に解消されて、ぴたっと真っ直ぐ走り、コーナリングもソリッドな感触になった。

特に好印象だったのはクーペで、ラグジュアリーＧＴを操る歓びに浸らせてくれる。いや、コンバーチブルでその開放感の中Ｖ８サウンドを浴びていると、やっぱりコッチでしょと思ってしまうのだけれど。要するに、どっちも抗し難い魅力がある。

更に、限定60台が販売された特別仕様車〝ＥＤＧＥ〟には唸らされた。リアにアルミ中空サスペンションメンバーを用いてブッシュを介さずボディに直付けしたほか、生産精度を高めたエンジンやディファレンシャルギアの採用、空力性能の向上などによって、走りはダイレクトにクルマとコネクトした感覚を味わえるレベルに昇華。専用の空力が効いているらしく、高速域での路面に張り付くような感触も絶品で、長距離がとても快適で、とても楽しいのだ。

正直コレ、買い逃したのを後悔している。生産は手がかかるようだが、ゼヒ第二弾を期待したい。その時には…真剣に検討したいと思っている。

▶LC コンバーチブル

●4770mm×1920mm×1350mm/2870mm/2050kg●4968cc, V8DOHC, 477PS/7100rpm, 55.1kgm/4800rpm●10AT●FR●1550万円

▶LC クーペ

●4770mm×1920mm×1345(1350)mm/2870mm/1930〜2010kg●①3456cc, V6DOHC, 299PS/6600rpm, 36.3kgm/5100rpm, モーター:交流同期電動機, 132kW(180PS), 30.6kgm②4968cc, V8DOHC, 477PS/7100rpm, 55.1kgm/4800rpm●10AT/CVT●FR●1400万〜1533万円

カテゴリー総評

［スポーツカー］

スポーツカー冬の時代に日本だけは元気

何度も同じことを書いているが、とにかく今、世界はスポーツカー冬の時代である。ある意味、作る側も買う側も価格に糸目をつけない、何千万円もするようなモデルは百花繚乱と言える状況だが、エントリーレベルのスポーツカーは、もはや絶滅危惧種といっても過言ではない。

この後で改めて記す通りルノーの量販車をベースとするルノースポールのモデルは遂に終焉。あと日本でも選べるモデルとなると、最小はVWポロGTI辺りだが、これも次のモデルは無いとの噂だ。あとはイタリアのアバルトくらいだろうか。

若いうちにクルマを操る歓びを味わわなかった層が、将来スポーツカーを購入するだろうか？ そんなことより今のビジネスや環境規制への対応の方が急務というのは分かるが、それでも現状はあまりに近視眼的ではと言いたくなる。

それに較べて日本のスポーツカー市場は何と元気なことか。ここに挙げたどのモデルも、すべてに独自の魅力、存在感を放っているし、価格だって性能を考えたらリーズナブルというほかない。ロードスターやGR86／スバルBRZのようなモデル、もはや世界には皆無なのだ。

しかも、この3台に限らず日本のスポーツカーの多くはスーパー耐久シリーズはじめモータースポーツの現場で磨き上げられている。こうした文化が醸成されてきたことは、こんな時代だからこそ世界に誇りたい。

そのスーパー耐久に参戦しているマツダ・スピリット・レーシングの前田育男代表は、ジャパンモビリティショーに出展された2ローターエンジンを積むスポーツカー、アイコニックSPについて「是非実現させてほしいと現経営陣に期待している。モータースポーツ目線で見ても、（現在はGRスープラや日産Zなどが参戦している）GT3やGT4といったマシンが欲しいですしね」と話していた。コンセプトカーばかりでは、ユーザーも白けてしまう。そろそろ具現化を！ と、期待を込めてプッシュしておきたい。

PART 4

車種別徹底批評
［外国車］

＊各車のサイズ、エンジン性能、価格等を写真の下に表記した。
表記されているどの情報も、原則として2023年11月現在のものである。
価格は消費税込みの車両本体価格を1000円未満四捨五入で表記した。
●【全長】×【全幅】×【全高】／【ホイールベース】／【車両重量】●①【総排気量】，【エンジン形式，ヴァルブ形式】，【最高出力】／【回転数】，【最大トルク】／【回転数】，②……　●【トランスミッション形式】●【駆動形式】●【価格帯】
ハイブリッド車（HEV）、プラグインハイブリッド車（PHEV）、電気自動車（BEV）、燃料電池車（FCEV）などについては適宜、モーターの形式と出力、電池容量、水素タンク容量、航続距離などの情報も記した。

＊著者主宰のYouTubeチャンネル「Ride Now」と連動し、論評する車種の試乗動画を閲覧できるようにした。掲載のQRコードをスマートフォンなどでスキャンすると動画が見られる。

Ride Now https://www.youtube.com/c/RideNow

メルセデス・ベンツEクラス……………ドイツ

電動化・デジタル化より走りの進化に驚愕

乗用車の絶対的ベンチマークとして長く君臨してきたメルセデス・ベンツＥクラスがフルモデルチェンジを行なった。初めてＥクラスを名乗ったＷ１２４後期型から数えても6代目、ルーツと言われる１９３６年のメルセデス・ベンツ１７０からだと実に11代目のモデルは、まさに歴史の端境期に生まれた。

このクルマをメーカー自身は「Bridge between the worlds」と表現する。ざっくり言えば内燃エンジン時代から電動化の、アナログとデジタルの橋渡しという意味だろう。但し一方で、その姿は典型的なセダンである。セダンの存在感が低下しているこの時代にも、メルセデス・ベンツはセダンこそクルマの中心だと断言している。そして実際、単なる橋渡しなどとはとても表現できないほどの進化を、このクルマは実現しているのである。

パワーユニットはすべて電動化されている。ガソリン、ディーゼルの内燃エンジンはマイルドハイブリッド化され、ＥＶ航続距離１００㎞を実現したＰＨＥＶも用意する。ＢＥＶがないのは専用車であるＥＱＥが別にあるからだが、きっと次の世代では両車はひとつになる。メルセデス・ベンツは２０３０年の完全電動化を宣言しているのだ。

橋渡しということだろう。フロントマスクはラジエーターグリルの周りがブラックにされて、ＥＱシリーズとの親和性を示している。驚きは、立体化したスターマークを埋め込んだテールランプ。近年、メルセデス・ベンツはスターマークをブランドロゴとして改めて前面に押し出している。

デジタル化を象徴しているのがインテリアだ。３枚のディスプレイを組み合わせてダッシュボード全体を覆う、大面積のＭＢＵＸスーパースクリーンを設定。インフォテインメントまわりのソフトウェアは、２０２４年から本格導入予定のソフトウェアプラットフォーム「ＭＢ・ＯＳ」を先行導入している。

もはや「ハイ、メルセデス」の呼びかけ無しでも、

▶メルセデス・ベンツ E クラス

●4949mm×1880mm×1468-1480mm/2961mm/1825〜2265kg●①1999cc，直4DOHCターボ，204PS/5800rpm，32.6kgm/1600-4000rpm，モーター:17kW（23PS），20.9kgm②1993cc，直4DOHCディーゼルターボ，197PS/3600rpm，44.9kgm/1800-2800rpm，モーター:17kW（23PS），20.9kgm③1999cc，直4DOHCターボ，204（252）PS/6100（5800）rpm，32.6（41.6）kgm/2000-4000（3200-4000）rpm，モーター:95kW（129PS），56.1kgm，電池容量:25.4kWh，EVモード航続距離:97〜115（95〜109）km●9AT●FR/4WD●--万円
※ドイツ本国版の値

普通に話しかければ音声認識が起動し、ＯＴＡで供給されるサードパーティ製の各種アプリに対応。ＴｉｋＴｏｋが標準搭載され、車載セルフィーカメラを使ってオンライン会議に出ることもできる。もちろん各種アップデートはオンラインで行なわれる。

しかしながらこの新しいＥクラス、一番の驚きは走りにあった。その進化、想像を超えていたのだ。

オーストリア・ウィーン近郊での試乗。ハイライトはその快適性で、常に室内は静粛に保たれる。まるでエンジンがカプセルに入れられ、遠くに置かれているかのよう。風切り音もロードノイズも遮断されていて、自分の息遣いが聞こえてくるかのようだ。

オプションのエアサスペンションを備えた試乗車は、ゆったりとしたストローク感と速度を上げるほどに高まるフラット感が、極上のライドコンフォートとして結実していた。それなのに身のこなしは軽やか。最大４・５度まで後輪を操舵するリアアクスルステアリングの貢献もあって、交差点を曲がるだけでも思わず笑顔になってしまう。

４気筒ガソリンターボエンジンを積むＥ２００でも不満がないくらいなので、パワートレインはどれを選んでも満足できるはずだ。一番気に入ったのはおそらく日本ではＥ３５０ｅと呼ばれるＰＨＥＶのＥ３００ｅ。電気モーターで走れば滑らかさが際立ち、内燃エンジンと協調してのフル加速時の伸びは爽快と、要するに電気モーターと内燃エンジン各々の美点が最大限に発揮されているのだ。

これまた舌を巻いたのが運転支援装備の制御の巧みさである。地図データ上の制限速度の変化に対応しての加減速の精度、ライントレースの確かさなど、あらゆる挙動が自然で滑らかで、使うことが快感になるほどなのだ。正直、また日本車は大きく突き放されてしまったなという感じである。

橋渡しを標榜しながらも、そこに一切妥協は無い。今できることすべてを出し切り、高い次元へとユーザーを導いてこそ先に繋がる。11世代にわたる絆から導かれた、そんなメルセデス・ベンツの強い決意が、このクルマからは漲っているのだ。

ＢＭＷ５シリーズ …………… ドイツ
ＢＥＶも登場で大変身。走りは523iが◎

フルモデルチェンジで通算8世代目のモデルへと進化したＢＭＷ５シリーズは、その歴史上初めてラインナップに内燃エンジン搭載車と、ｉ５と呼ばれるＢＥＶの両方を設定している。実は先代では販売の3割近くを占めていたというＰＨＥＶも欧州では選べるのだが、日本では設定を見送ったのだ。ユーザーの行き場を限定すること、私は賛成ではないが、それだけＢＥＶに賭けているというわけである。

デザインも大胆に変化した。初代や2代目の５シリーズのような逆スラントしたノーズを持つフロントまわりに、エッジの立ったキャラクターラインが目をひく直線基調のフォルムは先進的な雰囲気。長いフロントオーバーハングがらしくないが、これはｉ５への大容量バッテリーの搭載を前提に２９９５㎜まで伸ばされたホイールベース、高くなった１５１５㎜の全高を前提に、伸びやかなフォルムを描き出そうとした結果だろう。但し、おかげで全長は５０６０㎜にまで達している。今まで入った駐車場に収まらなくなる例、出てきそうだ。

一方で、4灯式のヘッドライトや「く」の字を描くサイドウインドウ後端のホフマイスターキンクといったＢＭＷの定番的なデザイン要素は継承されている。プロポーションは違えどちゃんとＢＭＷに、５シリーズに、見えるよう配慮されているのである。

一方、インテリアは遠慮なく先進感が前面に出ている。横長の湾曲モニター、イルミネーションとして働くだけでなく様々な情報を光で伝えるインタラクションバーといった装備のおかげで、室内は夜でもキラキラと眩しい。

スペースは申し分無い。何しろホイールベースが長いので後席も広々としている。但し、床が高いので着座位置は若干、高め。異型のステアリングホイールのチルト調整幅が、もう少し欲しい。

主力と言っていいｉ５のエントリーは９９８万円からの設定となる後輪駆動のｅＤｒｉｖｅ40だ。エントリーとは言え最高出力３４０PS、最大トルク40・8kgmと力は十分。それでも、いきなり蹴飛ばされるように加速するわけではないのがＢＭＷのＢＥＶの美点で、力はあるけれど走りはジェントルだ。

乗り心地も上々。実は嵩む車重を支えるべくリアにエアサスペンションを使っているのが、しなやかな乗り味に繋がっている。反面、走りはスポーティというほど切れ味鋭くはないが、振り返れば先代５シリーズも、まあそんな味だったように思う。

M60 ｘＤｒｉｖｅは、最高出力６０１PSのＡＷＤ。加速は至極パワフルだが、緻密な駆動力制御のおかげで粗野なところはない。ＢＭＷアイコニックサウンドと呼ばれる加速に付加される電子音も、エンジン音を模したものでもゲームのようなものでもなく、良いスパイスになっている。これならアリだ。

コーナーもめっぽう速い。やはり駆動力制御の賜物で、２・３トン超という重さを忘れさせる。但し、薄味の操舵感含めて無機質というか未来的というか、ＢＭＷらしい旨味は強くはないのも事実である。

電費も物足りない。カタログ値の航続距離は４５５km。実際には３００km台中盤辺りで、箱根の往復でも充電器の場所が気になってしまうのだ。

その点、嬉しい驚きだったのはガソリン２・０Ｌターボエンジンを積む５２３ｉである。何と満タンで残り航続距離を見たら、１０００kmを超える数字が表示されていた。実際の燃費もざっと17〜18km／Ｌ辺りと、きわめて優秀なのである。

しかも走りっぷりが軽快。何しろ車重は１７６０kgで、M60 ｘＤｒｉｖｅより６００kgも軽いのだから当然だろう。フットワークも、これぞＢＭＷという意のまま感があり、大いに満足できた。

敢えて歴史ある５シリーズの名の下に、ここまで大胆に攻めてきた姿勢には感心させられるばかり。正直言って最初は戸惑ったが、見るうち乗るうちじわじわと引き寄せられてしまった。

さて、市場は一体どのように反応するだろうか。どちらかと言えばオーセンティック路線の新型Ｅクラスとの勝負の行方が楽しみである。

▶BMW5 シリーズ

●5060mm×1900mm×1515mm/2995mm/1800～2380kg●①1998cc, 直4DOHCターボ, 190PS/5000rpm, 31.6kgm/1500-4000rpm, モーター:交流同期電動機, 5kW(7PS)/6000rpm, 2.5kgm/500rpm②1955cc, 直4DOHCディーゼルターボ, 197PS/--rpm, 40.8kgm/--rpm, モーター:交流同期電動機, --kW, --kgm③モーター:交流同期電動機, 250kW(340PS)/8000rpm, 40.8kgm/0-5000rpm, 電池容量:83.9kWh④フロントモーター:交流同期電動機, 192kW(261PS)/8000rpm, 37.2kgm/0-5000rpm, リアモーター:交流同期電動機, 250kW(340PS)8000rpm, 43.8kgm/0-5000rpm, 電池容量:83.9kWh●8AT/固定ギア比●FR/4WD●798万～1548万円
※日本仕様の値。未確定の項目あり

ルノー・メガーヌＲＳウルティム ……… フランス

買うなら今しかない！ 私もモーレツに悩み中

ルノー・メガーヌＲＳウルティムは２０２３年１月の東京オートサロンで世界に向けて公開された。アルピーヌに後を託し、その役割を終えるルノースポール＝ＲＳの名を冠する最後のモデルが他でもない、ここ日本で初お披露目されたのは、ルノースポールと日本の強い結びつきの賜物だ。

このメガーヌをはじめルーテシア、トゥインゴなどが導入されたルノースポールのモデルは、いずれも日本で非常に人気を博した。何しろ一時はルノージャポンの販売のほとんどをカングーとルノースポールのモデルで支えていたほどである。

世界のスポーツカーファンを楽しませたニュルブルクリンク旧コースでのＦＦスポーツ最速争いにも触れないわけにはいかない。誤解を恐れず言うならば、シビック・タイプＲの名声だって、メガーヌＲＳとの戦いがあってこそ築かれたと言っても過言では無いだろう。

そんなメガーヌＲＳは５ドアハッチバックボディに、直列４気筒１・８Ｌターボエンジンを搭載し、６速ＥＤＣと呼ばれるツインクラッチギアボックスもしくは６速ＭＴを介して前輪を駆動する。最高出力は３００PSである。

注目はやはりシャシーだ。フロントには大パワーＦＦに付き物のトルクステアを抑えるダブルアクシスストラットを採用。前後にセカンダリーダンパーを組み込んだハイドロリック・コンプレッション・コントロールを搭載し、更に４コントロールと呼ばれる後輪操舵システムも備わる。

メガーヌＲＳウルティムは、内外装こそ特別仕立てとされているが、その中身はまさにサーキット志向の〝シャシーカップ〟。トルセンＬＳＤ、前輪のアルミ製ハブ、鋳鉄製スリット入りブレーキディスクなどを採用するトロフィーと同等だ。実は標準車の〝シャシースポール〟は、快適性とのバランスは良いのだが、個人的には食い足りないところもあっ

▶ルノー・メガーヌ RS

●4410mm×1875mm×1465mm/2670mm/1450～1480kg●1798cc，直4DOHCターボ，300PS/6000rpm, 42.8(40.8)kgm/3200rpm●6AT/6MT●FF●559万～659万円
※写真は限定車の「ウルティム」

た。走り好きなら絶対〝シャシーカップ〟である。

　試乗したのは6速ＥＤＣのモデル。エンジンは全域で力が漲り、どこから踏んでもすぐに加速態勢に入る、まさにニュルブルクリンク向けの特性だ。変速スピードも鮮烈。加速だけで気分がアガる。

　乗り心地はハッキリ言って硬い。道の起伏や凹凸に合わせて身体が容赦なく揺さぶられるが、代わりに前輪の接地感は、まるで路面に貼り付いているかのよう。それに後輪操舵によるリアの間髪入れないレスポンスが相まって、ステアリングを切り始めた瞬間から、クルマが鋭くインに切れ込んでいく。

　そしてアクセルを踏み込めば、強力なＬＳＤのおかげで多少のトルクステアなどお構いなしにグイグイ加速していくのだ。これは楽しい。楽し過ぎる！

　先代から一貫して、ルノースポールのモデルはとにかくアンダーステアが大嫌いで、徹底的にそれを封じ込んでいる。その分の危うさをドライバーがねじ伏せれば、凄まじく速く、サイコーに楽しい。

　その点では優等生のシビック・タイプＲなどと較べると乗り手は選ぶかもしれないが、言い方を変えればドライバーを信じて委ねてくれている証でもある。ステアリングホイールを通して開発メンバーと対話をしているかのような、その走りの世界にハマったら、それは離れられなくなるというものだろう。

　このメガーヌＲＳウルティム、厳密には最新モデルではないが、２０２３年に試乗した中でも、きわめて印象が鮮烈だったクルマのうちの1台ということで、敢えて紹介した次第である。ルノーのスポーツ路線は今後アルピーヌが引き継ぐとされるが、ルノーは目下電動化に邁進していて、新型メガーヌもＥ－ＴＥＣＨと呼ばれるＢＥＶのみ。今までと同じようなホットモデルが出てくる可能性は高くない。それなら今、このクルマを選んでおくのはアリだ。

　実はこれを書いている11月末の時点でメガーヌＲＳウルティム、まだギリギリ購入可能だという。迷っていられる時間はあまり無い……などと皆さんを煽ってはいるが、実は私自身が目下、踏み出すべきかモーレッツに悩んでいるところなのである。

巻末付録

車種別採点簿

現在、国内で販売されている国産車と最新の外国車を評価項目別に10点満点で採点した。いずれもカテゴリーごとの相対評価とお考えいただきたい。「安全性」に関しては、昨今の技術の進化・普及および関連法規の改正に対応するため、『2024年版』よりあらたに「安全運転支援」という項目として採点基準を見直した。以下に採点基準を記す。

加点項目	標準装備・オプション装備にかかわらず
基準点(すべての車種に加算)	＋3点
360度モニター(駐車の時などに真上から見たようにモニタ上に周囲の様子を映し出す機能)	＋1点
内蔵カメラによるドライブレコーダー(純正ドラレコでも新たにカメラを設置するものは含まず)	＋1点
リスクを先読みした加減速・操舵への介入機能(常時、クルマが運転状況を認識し、安全マージンを確保すべくシームレスに加減速・舵角の制御を介入させる機能。「緊急自動ブレーキ＋操舵アシスト」だけのものは含まず)	＋1点
自動駐車機能	＋1点
自動駐車に車外から操作できる機能が付くもの(スマートフォンや専用キーで操作する機能)	＋1点
渋滞時ハンズオフ可能な運転支援機能(運転の責任はドライバーにある。レベル2の自動運転に相当)	＋1点
レベル3の自動運転機能(セカンドタスク容認)	＋1点

減点項目	標準装備でない場合
乗車人数分のヘッドレストなし	－1点
サイドエアバッグなし	－1点

なお、各車種の「安全運転支援」の採点内容の詳細は、採点簿の末尾にあるURLまたはQRコードより確認することができる。

「パッケージング」とは装置の配置などを工夫して空間を有効に利用できているかを評価したものである。

クルマの価値は社会の状況、競合車の進化によって変化していくものである。したがって、今回の高得点車が次回も高得点を取るとは限らない。以上を踏まえたうえで、クルマ選びの参考にしていただければと思う。

※価格は原則として2023年11月末現在の消費税込みの東京地区車両価格。

車種	東京地区標準価格（単位：万円）	デザイン	走りの楽しさ	快適性	パッケージング	エコ性能	安全運転支援	魅力度	寸評	総合評価
第1特集　高級車はどこへ行く										
センチュリー	2500・0	10			9	8	9	10	間口が広がるのは間違いない。皆さん品良く乗って欲しい	9
LM	2000・0	8	8	9	10	7	9	9	世界のショーファーカー勢力図が一変しそう	9
クラウン・クロスオーバー	435・0～640・0	9	8	9	8	7	9	9	生まれ変わったクラウンを象徴するのはやはりコレ	9
クラウン・スポーツ	590・0	10	9	8	8	9	9	10	独プレミアムSUVにも負けない走りと存在感	10
クラウン・セダン	730・0～830・0	8			9	10	9	8	重厚なデザインと広い後席。セダン派は大いに納得だろう	8
ヴェルファイア	655・0～892・0	7	8	8	7	8	8	9	アルファードとキャラクターを分けた戦略は見事	8
LBX	460・0～576・0	8	10	8	9	8	9	9	この手もアリのスモールラグジュアリー。価格は高め	8

車種	東京地区標準価格（単位：万円）	デザイン	走りの楽しさ	快適性	パッケージング	エコ性能	安全運転支援	魅力度	寸評	総合評価
第3特集　元気になった三菱										
トライトン		8	10	8	7	7		8	こういうクルマの存在は街の景色を明るくするはず	7

アウトランダーPHEV	484・1〜570・6	6	8	8	9	9	3	9	あらゆる部分に三菱らしさが濃厚に詰まっている	9
デリカD：5	400・2〜457・7	7	9	7	6	8	4	9	地道に改良され続けてきたからこそのロングセラー	10
デリカミニ	180・4〜223・9	9	7	6	7	6	4	10	eK時代の数倍のセールスは車名、企画、デザインの勝利	8
コンパクトカー										
ソリオ	164・8〜229・4	5	5	5	8	7	3	7	ハイブリッド復活、装備充実などユーザー目線で更に進化	6
ヤリス	147・0〜254・8	6	8	7	9	9	5	9	日常を軽やかに彩ってくれるデザインと走りがイイ	8
フィット	162・5〜271・8	5	7	9	10	8	4	7	若々しさが乏しいのは、良く出来すぎているから？	8
ノート・オーラ	269・9〜304・2	9	9	8	9	8	4	10	オシャレ度、走りの上質さともに未だこのクラスのトップ	10
アクア	199・7〜259・8	7	9	9	7	9	5	9	全方位に進化した分、コンパクトカーらしい活発さが薄れたか	8
マツダ2	154・9〜262・2	7	7	7	6	8	3	7	一気に親しみやすさを増したデザイン戦略が面白い	7
SUV										
ロッキー	167・7〜235・7	6	4	5	7	7	5	6	ユーザーのために早期の販売再開を願うだけ	4
ヤリスクロス	189・6〜293・6	8	7	7	7	9	5	8	ベストバイは文句無しにＨＥＶのＧＲ ＳＰＯＲＴだ	8

評価項目 ＼ 車種	キックス	ヴェゼル	クロストレック	カローラクロス	UX	ZR-V	RAV4	フォレスター	CX-5	NX
東京地区標準価格（単位：万円）	299・9～348・2	239・9～341・9	266・2～328・9	218・4～345・9	400・3～685・0	304・9～422・0	293・8～563・3	306・9～374・0	291・0～422・5	455・0～753・5
デザイン	7	8	7	6	7	8	9	5	8	8
走りの楽しさ	7	8	8	10	8	10	8	8	7	8
快適性	7	9	7	9	8	8	7	7	7	8
パッケージング	8	10	6	7	9	8	7	9	6	7
エコ性能	8	8	7	8	9	8	8	6	7	6
安全運転支援	4	4	4	7	4	4	4	3	4	7
魅力度	7	8	9	10	7	9	9	8	7	7
寸評	e-POWER 4WDの走りは余裕。もっと評価されていい	ホンダ随一のオシャレさと機能性、走りが高バランス	走りの洗練ぶりはスペックから想像する以上	ライバルが増えるごとにむしろ際立つ高コスパぶり	都市生活者のレクサスSUVは今やコレ一択	e:HEV AWDの走りはどんどん遠出したくなる	「オフロード・パッケージⅡ」のPHEVを!	リーズナブルな「Xエディション」は嬉しいプレゼント	外観はそんなに頻繁に変えなくていいのでは?	NXとしての、そしてレクサスとしての走りの統一感を
総合評価	7	8	8	10	7	8	8	6	7	7

エクストレイル	351・0～474・9	6	8	7	9	9	5	7	都会派で行くならオーテックの上質さは見逃せない	7
CX-60	322・3～646・3	10	9	5	10	10	4	8	乗り味改善が進行中との話がチラホラ。期待したい	8
ハリアー	312・8～620・0	9	8	9	7	8	4	10	結局ハリアーを選んでおけば間違いない、まさにブランド	9
RX	666・0～901・0	8	8	10	8	9	9	9	マジメなクルマづくりの一方、豊潤さがもっと欲しい	9
CX-8	299・4～505・9	8	8	8	8	8	4	9	果たしてきた役割は大きい３列シートＳＵＶ	8
GX	／	9	8	10	7	／	／	9	個人的に大注目の１台だが争奪戦になるのだろうか	8
セダン・ワゴン1										
カローラ・セダン	199・0～299・8	7	7	8	7	9	5	7	コストダウンをちゃんと販価に反映しているのがエライ	8
シビック	324・1～398・1	9	9	8	7	7	3	8	３００万円を切るグレードが１台欲しいところ	8
マツダ3・ファストバック	228・8～386・7	10	10	9	7	6	4	9	レトロスポーツエディションのハマり具合は最高	8
インプレッサ	229・9～321・2	5	8	9	7	5	4	8	質高い走りのエントリーグレードはまさに大穴の１台	8
プリウス	275・0～460・0	10	10	8	8	10	8	10	私が自分で乗るならＰＨＥＶ＋ソーラー充電の一択だ	10

分類	車種	東京地区標準価格（単位：万円）	デザイン	走りの楽しさ	快適性	パッケージング	エコ性能	安全運転支援	魅力度	寸評	総合評価
BEV・FCEV	サクラ	254.9~304.0	9	9	9	10	10	5	9	もっとシンプルで安価なバリエーションも欲しい	9
BEV・FCEV	リーフ	408.1~583.4	6	7	7	7	8	5	4	大幅値上げのe＋はもう買って欲しくないということだろうか	3
BEV・FCEV	MX-30ロータリーEV	423.5~478.5	8	8	6	9	8	4	8	ロータリーの旨みをしっかり味わえる	7
BEV・FCEV	アリア	539.0	8	6	7	9	7	7	6	走りはまだまだ上質に進化させることができるはず	7
BEV・FCEV	bZ4X	550.0~650.0	7	7	6	7	9	7	5	諦めることなく細かく手が入れられてきたことに好感	6
BEV・FCEV	RZ	830.0~880.0	8	9	9	8	8	9	9	航続距離の短さを除けば現状ベストＢＥＶのひとつ	9
BEV・FCEV	MIRAI	726.1~861.0	7	9	9	8	10	8	7	元祖ＦＣＥＶはこれからが勝負どころだ	7
セダン・ワゴン2	レヴォーグ・レイバック	399.3	7	10	9	7	5	5	9	ゆったり行けるレイバックがどこまで支持されるか？	9

レガシィ・アウトバック	425.7〜451.0	8	8	10	7	8	5	9	生活に彩りを添えてくれる日本車では稀有な存在	9
ES	602.0〜718.0	6	5	7	6	8	4	5	急激に古さが露呈してきた感アリ。起死回生の策はあるのか	5
IS	481.0〜850.0	9	8	8	8	7	4	9	スタイリッシュな存在感が風景の中で光る希少なセダン	8
スカイライン	456.9〜948.0	6	9	6	6	5	4	7	昭和の匂いがするNISMO、決してキライじゃない	8
LS	1094.0〜1799.0	9	7	9	6	8	9	6	走りはようやく完成の域。次の展開はさてどうなるか	7
軽自動車										
N-BOX	164.9〜236.3	7	8	8	10	8	4	9	変わっていないようで、相当な深化を遂げている	9
ミニバン										
シエンタ	195.0〜310.8	3	8	8	10	9	7	7	似ていると分かっても使ってきたデザインはやはり×	5
フリード	233.1〜313.9	6	7	7	10	7	2	8	パワートレインだけ最新版にしてくれれば	6
セレナ	276.9〜479.8	6	6	6	10	7	7	8	走りも装備も細部までよく練られた秀作	9
ノア	267.0〜389.0	5	6	7	9	8	8	8	ミニバンユーザーを知り尽くした配慮と工夫のカタマリ	9
ステップワゴン	305.4〜391.3	8	7	8	8	7	4	6	素性はいいが商品企画も営業も力不足では	6

スポーツカー

車種 ＼ 評価項目	東京地区標準価格（単位：万円）	デザイン	走りの楽しさ	快適性	パッケージング	エコ性能	安全運転支援	魅力度	寸評	総合評価
マツダ・ロードスター	289・9〜368・0	10	9	7	10	7	2	10	販売が更に右肩上がりに。一部改良も追い風になるか	9
GRヤリス	265・0〜456・0	7	10	5	9	6	3	9	改良版が近日登場との噂。待望のATも遂に導入か?	9
BRZ	330・0〜381・7	8	10	7	7	7	3	10	MTへのアイサイト標準装備化は大ニュース	9
GRカローラ	525・0	7	10	8	8	6	4	10	早く普通に買えるようになってほしい。カローラなんだし	10
シビック・タイプR	499・7	9	9	5	7	6	3	9	とにかく高い走りの精度はまるで純レーシングカー	8
フェアレディZ	539・9〜920・0	8	7	6	6	4	3	8	NISMO追加もいいが、まずは供給体制改善を	6
スープラ	499・5〜731・3	6	8	8	8	4	3	8	じっくり熟成されて良いスポーツカーになってきた	7
WRX S4	447・7〜502・7	5	8	7	7	3	5	8	このままでは続かない。MT導入を起爆剤に是非!	7
RC	581・4〜735・2	7	9	9	6	7	3	7	このセグメントのクーペ、唯一の日本ブランド車だ	7

GT-R	1058.0～1455.0	5	9	8	7	4	2	9	売り方をしっかり考えないとブランドを毀損するのでは？	6
LCコンバーチブル	1550.0	10	8	8	8	4	4	10	コンバーチブル版「EDGE」を心待ちにしている	9
外国車										
メルセデス・ベンツEクラス		6	9	10	7	8		9	セダンが何のためにあるのか彼らは分かっている	9
BMW5シリーズ	798.0～1548.0	7	7	9	7	9	8	8	大胆な進化、変化はユーザーの先を行く	7
ルノー・メガーヌRS	559.0～659.0	7	10	3	6	5	3	10	掌と腰で作り手と対話できる最高のFFスポーツ	9

●各車種の「安全運転支援」の点数の内訳は、以下のURL か、QR コードからご覧になれます。

https://www.soshisha.com/2024machigaidarake

●写真提供

宮門 秀行
　　p.69　長岡 宏氏写真

ソニー・ホンダモビリティ株式会社
　　P.59　AFEELA 写真

●お知らせ

◎次号『2025 年版間違いだらけのクルマ選び』は 2024 年 12 月に刊行の予定です。

◎草思社 web サイトの『間違いだらけ』特設ページでは 1976 年と 77 年に刊行の『間違いだらけのクルマ選び』正篇・続篇を無料公開、最新刊の情報も提供しています。また、X（旧 twitter）や facebook ページでも関連情報を随時お知らせしています。こちらもご覧ください。

特設ページ	http://www.soshisha.com/car/
X（旧 twitter）アカウント	@machigaidarake
facebook ページ	http://goo.gl/AVpu8

著者略歴――――

島下泰久《しました・やすひさ》

1972年神奈川県生まれ。立教大学法学部卒。国際派モータージャーナリストとして世界各地を飛び回り、独自の観点で徹底的に取材。自動車、経済、テクノロジーなど幅広いメディアへ寄稿する。2023-2024日本カー・オブ・ザ・イヤー選考委員。『間違いだらけのクルマ選び』を2011年から徳大寺有恒氏とともに、そして2016年版からは単独で執筆する。YouTubeチャンネル「RIDE NOW -Smart Mobility Review-」の主宰など更に活動範囲を広げている。

2024年版
間違いだらけのクルマ選び

2023年12月29日　第1刷発行

著　者　島下泰久
イラスト　綿谷　寛
装幀者　Malpu Design(清水良洋)
発行者　碇　高明
発行所　株式会社 草思社
〒160-0022　東京都新宿区新宿1-10-1
電話　営業 03(4580)7676　編集 03(4580)7680

印刷所　中央精版印刷 株式会社
製本所　中央精版印刷 株式会社

ISBN978-4-7942-2689-1 Printed in Japan　検印省略